아이가 주인공인 책

아이는 스스로 생각하고 매일 성장합니다.
부모가 아이를 존중하고 그 가능성을 믿을 때
새로운 문제들을 스스로 해결해 나갈 수 있습니다.

<기적의 학습서>는 아이가 주인공인 책입니다.
탄탄한 실력을 만드는 체계적인 학습법으로
아이의 공부 자신감을 높여 줍니다.

아이의 가능성과 꿈을 응원해 주세요.
아이가 주인공인 분위기를 만들어 주고,
작은 노력과 땀방울에 큰 박수를 보내 주세요.
<기적의 학습서>가 자녀 교육에 힘이 되겠습니다.

기적의 계산법 응용 up

초등 1학년 **1**권

기적의 계산법 응용UP · 1권

초판 발행 2021년 1월 15일
초판 8쇄 발행 2023년 6월 5일

지은이 기적학습연구소
발행인 이종원
발행처 길벗스쿨
출판사 등록일 2006년 7월 1일
주소 서울시 마포구 월드컵로 10길 56(서교동)
대표 전화 02)332-0931 | **팩스** 02)333-5409
홈페이지 school.gilbut.co.kr | **이메일** gilbut@gilbut.co.kr

기획 김미숙(winnerms@gilbut.co.kr) | **책임편집** 윤정일
제작 이준호, 손일순, 이진혁 | **영업마케팅** 문세연, 박다슬 | **웹마케팅** 박달님, 정유리, 윤승현
영업관리 김명자, 정경화 | **독자지원** 윤정아, 최희창
디자인 정보라 | **표지 일러스트** 김다예 | **본문 일러스트** 류은형
전산편집 글사랑 | **CTP 출력·인쇄·제본** 벽호

ISBN 979-11-6406-295-9 64410
(길벗스쿨 도서번호 10722)

정가 9,000원

....

독자의 1초를 아껴주는 정성 길벗출판사

길벗스쿨 | 국어학습서, 수학학습서, 유아학습서, 어학학습서, 어린이교양서, 교과서
길벗 | IT실용서, IT/일반 수험서, IT전문서, 경제실용서, 취미실용서, 건강실용서, 자녀교육서
더퀘스트 | 인문교양서, 비즈니스서
길벗이지톡 | 어학단행본, 어학수험서

기적학습연구소 **수학연구원 엄마**의 **고군분투서!**

저는 게임과 유튜브에 빠져 공부에는 무념무상인 아들을 둔 엄마입니다.

오늘도 아들이 조금 눈치를 보는가 싶더니 '잠깐만, 조금만'을 일삼으며 공부를 내일로 또 미루네요.

'그래, 공부보다는 건강이지.' 스스로 마음을 다잡다가도 고학년인데 여전히 공부에

관심이 없는 녀석의 모습을 보고 있자니 저도 모르게 한숨이…… .

5학년이 된 아들이 일주일에 한두 번씩 하교 시간이 많이 늦어져서 하루는 앉혀 놓고 물어봤습니다.

수업이 끝나고 몇몇 아이들은 남아서 틀린 수학 문제를 다 풀어야만 집에 갈 수 있다고 하더군요.

맙소사, 엄마가 회사에서 수학 교재를 십수 년째 만들고 있는데, 아들이 수학 나머지 공부라뇨? 정신이 번쩍 들었습니다.

저학년 때는 어쩌다 반타작하는 날이 있긴 했지만 곧잘 100점도 맞아 오고 해서 '그래, 머리가 나쁜 건 아니야.' 하고 위안을 삼으며

'아직 저학년이잖아. 차차 나아지겠지.'라는 생각에 공부를 강요하지 않았습니다.

그런데 아이는 어느새 훌쩍 자라 여느 아이들처럼 수학 좌절감을 맛보기 시작하는 5학년이 되어 있었습니다.

학원에 보낼까 고민도 했지만, 그래도 엄마가 수학 전문가인데… 영어면 모를까 내 아이 수학 공부는 엄마표로 책임져 보기로 했습니다.

아이도 나머지 공부가 은근 자존심 상했는지 엄마의 제안을 순순히 받아들이더군요. 매일 계산법 1장, 문장제 1장, 초등수학 1장씩 수

학 공부를 시작했습니다. 하지만 기초도 부실하고 학습 습관도 안 잡힌 녀석이 갑자기 하루 3장씩이나 풀다보니 힘에 부쳤겠지요.

호기롭게 시작한 수학 홈스터디는 공부량을 줄이려는 아들과의 전쟁으로 변질되어 갔습니다. 어떤 날은 애교와 엄살로 3장이 2장이 되고,

어떤 날은 울음과 샤우팅으로 3장이 아예 없던 일이 되어버리는 등 괴로움의 연속이었죠. 문제지 한 장과 게임 한 판의 딜이 오가는 일

도 비일비재했습니다. 곧 중학생이 될 텐데… 엄마만 조급하고 녀석은 점점 잔꾀만 늘어가더라고요. 안 하느니만 못한 수학 공부 시간

을 보내며 더이상 이대로는 안 되겠다 싶은 생각이 들었습니다. 이 전쟁을 끝낼 묘안이 절실했습니다.

우선 아이의 공부력에 비해 너무 과한 욕심을 부리지 않기로 했습니다. 매일 퇴근길에 계산법 한쪽과 문장제 한쪽으로 구성된 아이만의

맞춤형 수학 문제지를 한 장씩 만들어 갔지요. 그리고 아이와 함께 풀기 시작했습니다. 앞장에서 꼭 필요한 연산을 익히고, 뒷장에서

연산을 적용한 문장제나 응용문제를 풀게 했더니 응용문제도 연산의 연장으로 받아들이면서 어렵지 않게 접근했습니다. 아이 또한 확

줄어든 학습량에 아주 만족해하더군요. 물론 평화가 바로 찾아온 것은 아니었지만, 결과는 성공적이었다고 자부합니다.

이 경험은 <기적의 계산법 응용UP>을 기획하고 구현하게 된 시발점이 되었답니다.

1. 학습 부담을 줄일 것! 딱 한 장에 앞 연산, 뒤 응용으로 수학 핵심만 공부하게 하자.

2. 문장제와 응용은 꼭 알아야 하는 학교 수학 난이도만큼만! 성취감, 수학자신감을 느끼게 하자.

3. 욕심을 버리고, 매일 딱 한 장만! 짧고 굵게 공부하는 습관을 만들어 주자.

이 책은 위 세 가지 덕목을 갖추기 위해 무던히 애쓴 교재입니다.

<기적의 계산법 응용UP>이 저와 같은 고민으로 괴로워하는 엄마들과 언젠가는 공부하는 재미에

푹 빠지게 될 아이들에게 울트라 종합비타민 같은 선물이 되길 진심으로 바랍니다.

길벗스쿨 기적학습연구소에서

매일 한 장으로 완성하는 응용UP 학습설계

Step 1
핵심개념 이해

▶ 단원별 핵심 내용을 시각화하여 정리하였습니다. 연산방법, 개념 등을 정확하게 이해한 다음, 사진을 찍듯 머릿속에 담아 두세요. 개념정리만 묶어 나만의 수학개념모음집을 만들어도 좋습니다.

Step 2
연산+응용 균형학습

뒤집으면
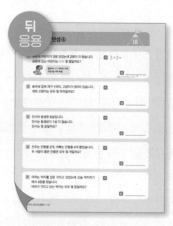

▶ 앞 연산, 뒤 응용으로 구성되어 있어 매일 한 장 학습으로 연산훈련 뿐만 아니라 연산적용 응용문제까지 한번에 학습할 수 있습니다. 매일 한 장씩 뜯어서 균형잡힌 연산 훈련을 해 보세요.

Step 3
평가로 실력점검

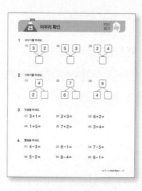
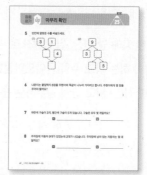

▶ 점수도 중요하지만, 얼마나 이해하고 있는지를 아는 것이 더 중요합니다. 배운 내용을 꼼꼼하게 확인하고, 틀린 문제는 앞으로 돌아가 한번 더 연습하세요.

▶ 매일 연산+응용으로 균형 있게 훈련합니다.

매일 하는 수학 공부, 연산만 편식하고 있지 않나요?
수학에서 연산은 에너지를 내는 탄수화물과 같지만,
그렇다고 밥만 먹으면 영양 불균형을 초래합니다.
튼튼한 근육을 만드는 단백질도 꼭꼭 챙겨 먹어야지요.
기적의 계산법 응용UP은 매일 한 장 학습으로
계산력과 응용력을 동시에 훈련할 수 있도록 만들었습니다.
앞에서 연산 반복훈련으로 속도와 정확성을 높이고,
뒤에서 바로 연산을 활용한 응용 문제를 해결하면서
문제이해력과 연산적용력을 키울 수 있습니다.
균형잡힌 연산 + 응용으로 수학기본기를 빈틈없이 쌓아 나갑니다.

▶ 다양한 응용 유형으로 폭넓게 학습합니다.

반복연습이 중요한 연산, 유형연습이 중요한 응용!
문장제형, 응용계산형, 빈칸추론형, 논리사고형 등 다양한 유형의 응용 문제에 연산을 적용해 보면서
연산에 대한 수학적 시야를 넓히고, 튼튼한 수학기초를 다질 수 있습니다.

| 문장제형 |

| 응용계산형 |

| 빈칸추론형 |

| 논리사고형 |

▶ 뜯기 한 장으로 언제, 어디서든 공부할 수 있습니다.

한 장씩 뜯어서 사용할 수 있도록 칼선 처리가 되어 있어
언제 어디서든 필요한 만큼 쉽게 공부할 수 있습니다.
매일 한 장씩 꾸준히 풀면서 공부 습관을 길러 봅니다.

차 례

DAY

01

9까지의 수

· 학습 계열표 ·

이전에 배운 내용

누리 자연탐구 영역
• 생활에서 다양하게 수 세기

▼

지금 배울 내용

1-1 9까지의 수
• 9까지의 수 세기, 읽기, 쓰기
• 수의 순서
• 1만큼 더 큰 수, 1만큼 더 작은 수
• 수의 크기 비교

▼

앞으로 배울 내용

1-1 50까지의 수
• 50까지의 수 세기, 읽기, 쓰기
• 수의 크기 비교

1-2 100까지의 수
• 100까지의 수 세기, 읽기, 쓰기
• 수의 크기 비교

· 학습 기록표 ·

학습 일차	학습 내용	날짜	맞은 개수	
			연산	응용
DAY 1	**수 세기①** 5까지의 수	/	/8	/1
DAY 2	**수 세기②** 9까지의 수	/	/8	/4
DAY 3	**수의 순서①** 몇째	/	/8	/4
DAY 4	**수의 순서②** 몇과 몇째	/	/5	/4
DAY 5	**수의 순서③** 9까지 수의 순서	/	/6	/3
DAY 6	**수의 순서④** 1만큼 더 큰 수와 1만큼 더 작은 수	/	/8	/4
DAY 7	**크기 비교①** 두 수의 크기 비교	/	/12	/5
DAY 8	**크기 비교②** 세 수의 크기 비교	/	/12	/3
DAY 9	**크기 비교③** 수의 크기 비교	/	/12	/6
DAY 10	**마무리 확인**	/		/14

책상에 붙여 놓고
매일매일 기록해요.

1. 9까지의 수

1부터 5까지의 수

하나 · 일 둘 · 이 셋 · 삼 넷 · 사 다섯 · 오

6부터 9까지의 수

여섯 · 육 일곱 · 칠 여덟 · 팔 아홉 · 구

수에 째를 붙여 순서를 나타낼 수 있어.

첫째   둘째   셋째   넷째   다섯째   여섯째   일곱째   여덟째   아홉째

 1만큼 더 큰 수와 1만큼 더 작은 수

1만큼 더 작은 수

1만큼 더 큰 수

하나 줄었어.

하나 늘었어.

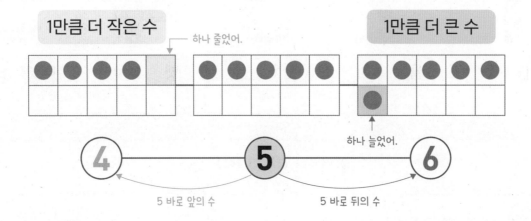

④ ——— ⑤ ——— ⑥

5 바로 앞의 수   5 바로 뒤의 수

 수의 크기 비교

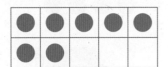

 ⑦

●는 ●보다 많습니다.
➡ 7은 2보다 큽니다.

 ②

●는 ●보다 적습니다.
➡ 2는 7보다 작습니다.

양의 비교는 많다와 적다로, 수의 크기 비교는 크다와 작다로 말해.

수를 세어 쓰고 읽으세요.

1

| 1 | 읽기 | 하 | 나 | ★ | 일 |

2

| | 읽기 | | | ★ | |

3

| | 읽기 | | | ★ | |

4

| | 읽기 | | | ★ | |

5

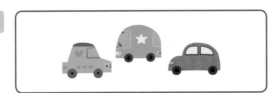

| | 읽기 | | | ★ | |

6

| | 읽기 | | | ★ | |

7

| | 읽기 | | | ★ | |

8

| | 읽기 | | | ★ | |

응용 UP 수 세기①

벌이 꽃을 찾아갈 수 있도록 3을 나타내는 곳을 따라가세요.

수를 세어 쓰고 읽으세요.

1

| 6 | 읽기 | 여 | 섯 | ★ | 육 |

2

| | 읽기 | | | ★ | |

3

| | 읽기 | | | ★ | |

4
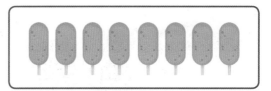

| | 읽기 | | | ★ | |

5

| | 읽기 | | | ★ | |

6
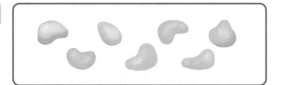

| | 읽기 | | | ★ | |

7

| | 읽기 | | | ★ | |

8

| | 읽기 | | | ★ | |

그림을 보고 □ 안에 알맞은 수를 써넣으세요.

1

오늘은 솔이의 생일이에요.

솔이의 나이는 8 살입니다.

2

솔이네 가족사진이에요.

솔이네 가족은 ☐ 명입니다.

3

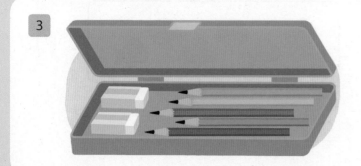

솔이가 학용품 세트를 선물 받았어요.

필통에 지우개 ☐ 개,

연필 ☐ 자루가 들어 있습니다.

4

솔이네 집의 고양이가 새끼를 낳았어요.

새끼 고양이는 ☐ 마리입니다.

그중에 ☐ 마리는 잠을 자고 있어요.

순서에 맞는 그림을 찾아 ○표 하세요.

1 둘째

첫째 둘째

5 위에서 셋째

2 다섯째

첫째

6 위에서 넷째

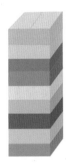

3 일곱째

첫째

7 아래에서 둘째

4 여섯째

첫째

8 아래에서 다섯째

해적 아저씨의 말에 따라 지도에서 보물이 숨겨져 있는 칸을 찾아 ✕표 하세요.

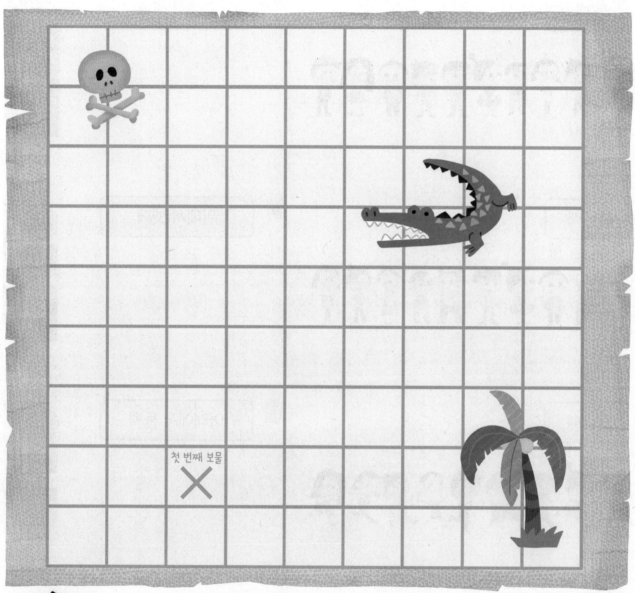

첫 번째 보물
✕

첫 번째 보물은 왼쪽에서 셋째, 아래에서 둘째 칸에 있어요.
두 번째 보물은 오른쪽에서 다섯째, 위에서 다섯째 칸에,
세 번째 보물은 왼쪽에서 첫째, 위에서 넷째 칸에 있지요.
마지막 보물은 오른쪽에서 둘째, 아래에서 여덟째 칸에 있습니다.
이제 보물을 다 찾을 수 있겠죠?

수의 순서 ② 몇과 몇째

알맞게 색칠하세요.

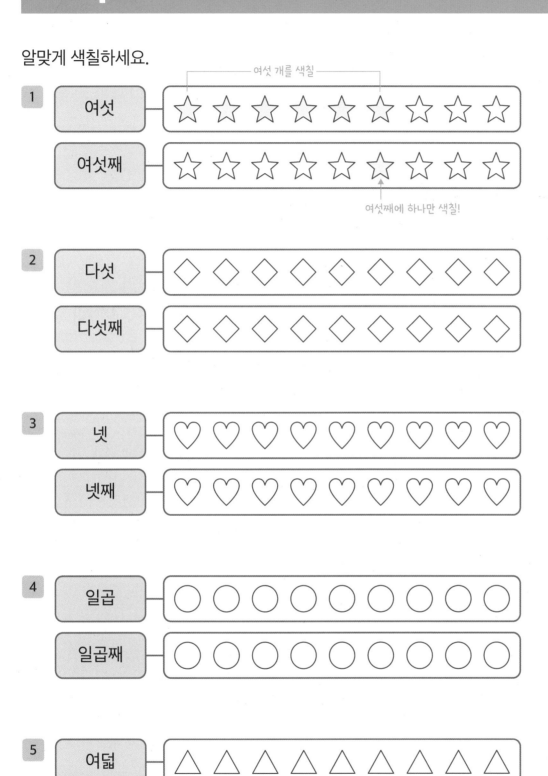

여섯 개를 색칠

1 여섯

여섯째

여섯째에 하나만 색칠!

2 다섯

다섯째

3 넷

넷째

4 일곱

일곱째

5 여덟

여덟째

수의 양과 순서를 구분하는 문제야. 몇과 몇째를 구분해서 색칠해.

---

1 놀이 기구 앞에 어린이 **5**명이 한 줄로 서 있습니다.
선우는 앞에서부터 둘째에 서 있습니다.
선우는 **뒤에서부터 몇째**에 서 있는 걸까요?

① 앞에서부터 둘째에 서 있는 선우를 찾은 후
② 뒤에서부터 선우가 서 있는 곳까지 순서를 세어 봐.

답 _____넷째_____

---

2 운동장에서 어린이 **7**명이 달리기를 하고 있습니다.
예은이는 뒤에서부터 셋째로 달리고 있습니다.
예은이는 앞에서부터 몇째로 달리고 있는 걸까요?

답 _____

---

3 버스 정류장에 **6**명이 한 줄로 서 있습니다.
현서는 앞에서부터 넷째에 서 있습니다.
현서 뒤에 서 있는 사람은 모두 몇 명일까요?

답 _____

---

4 미술관에 들어가려고 어린이들이 한 줄로 서 있습니다.
윤솔이의 앞에는 어린이 **8**명이 서 있습니다.
윤솔이는 앞에서부터 몇째에 서 있을까요?

답 _____

순서에 알맞게 수를 쓰세요.

1

2

3

 여기부터는 순서를 거꾸로 하여 수를 쓰는 문제야.
9부터 시작해서 1까지 세어 봐.

4

5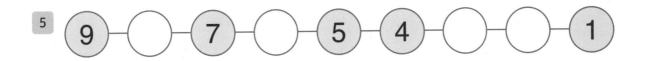

6

수를 순서대로 이어 그림을 완성하세요.

수의 순서 ④ 1만큼 더 큰 수와 1만큼 더 작은 수

◯ 안에 알맞은 수를 써넣으세요.

1 | 1만큼 더 작은 수 | 1만큼 더 큰 수

2 바로 앞의 수　　　　2 바로 뒤의 수

5 | 1만큼 더 작은 수 | 1만큼 더 큰 수

2 | 1만큼 더 작은 수 | 1만큼 더 큰 수

6 | 1만큼 더 작은 수 | 1만큼 더 큰 수

3 | 1만큼 더 작은 수 | 1만큼 더 큰 수

7 | 1만큼 더 작은 수 | 1만큼 더 큰 수

4 | 1만큼 더 작은 수 | 1만큼 더 큰 수

8 | 1만큼 더 작은 수 | 1만큼 더 큰 수

바로 개념

1보다 1만큼 더 작은 수는 ＿＿＿ 이야.

아무것도 없는 것을 뜻하고 ＿＿＿ 이라고 읽어.

1 은서가 칭찬 붙임딱지를 5장 모았고, 진구는 은서보다 1장 더 많이 모았습니다.
진구가 모은 칭찬 붙임딱지는 몇 장일까요?

5보다 1만큼 더 큰 수 ➡ 6

답 ___6장___

2 해주가 동화책을 어제는 8쪽, 오늘은 어제보다 1쪽 더 적게 읽었습니다.
해주가 동화책을 오늘은 몇 쪽 읽었을까요?

답 _____

3 유리병에 캐러멜이 4개 있습니다.
캐러멜은 젤리보다 1개 더 많습니다.
젤리는 몇 개일까요?

답 _____

4 꽃밭에 나비가 7마리 있습니다.
벌은 나비보다 1마리 더 많고, 잠자리는 벌보다 1마리 더 많습니다.
잠자리는 몇 마리일까요?

답 _____

더 큰 수에 ○표 하세요.

1 | 1 | (5) |

수를 순서대로 썼을 때 뒤에 나올수록 큰 수

1 2 **3** **4** **5**

작습니다 ← → 큽니다

2 | 6 | 3 |

3 | 4 | 9 |

4 | 2 | 7 |

5 | 4 | 2 |

6 | 8 | 0 |

7 | 7 | 4 |

8 | 5 | 8 |

9 | 2 | 6 |

10 | 0 | 3 |

11 | 9 | 1 |

12 | 5 | 7 |

1 희재가 색종이로 튤립 3개, 나팔꽃 7개를 접었습니다.
더 많이 접은 꽃은 무엇일까요?

7은 3보다 큽니다.

답 ____나팔꽃____

2 접시에 자두 5개, 복숭아 2개가 있습니다.
더 적게 있는 과일은 무엇일까요?

답 _____

3 동물원에 기린 6마리, 코끼리 4마리가 있습니다.
더 많이 있는 동물은 무엇일까요?

답 _____

4 어린이 달리기 대회에서 설아는 2등, 연우는 8등을
했습니다.
더 빨리 달린 어린이는 누구일까요?

바로 개념 더 빨리 ➡ 앞에서 ➡ 더 (작은 수 , 큰 수)

답 _____

5 준수가 구슬을 4개 가지고 있고, 윤하는 5개 가지고
있습니다.
누가 구슬을 몇 개 더 많이 가지고 있을까요?

답 _____ , _____

가장 큰 수에 ○표, 가장 작은 수에 △표 하세요.

1

3	△1	○4

수를 순서대로 써 봐.

△   3   ④
↑   ↑
가장 작은 수 가장 큰 수

2

8	5	2

3

0	9	1

4

4	6	7

5

5	2	3

6

9	7	6

7

2	6	5

8

7	3	0

9

6	8	3

10

5	7	9

11

4	0	6

12

1	4	8

수를 작은 수부터 순서대로 쓰세요.

1

1, 5, 6, 8

2

_____

3

_____

알맞은 수에 **모두** 색칠하세요.

1 3보다 작은 수

'3보다'이니까 3은 들어가지 않아.

| 1 | 2 | 3 | 4 | 5 |

← 작은 수

2 4보다 작은 수

| 3 | 4 | 5 | 6 | 7 |

3 8보다 작은 수

| 5 | 6 | 7 | 8 | 9 |

4 2보다 큰 수

| 1 | 2 | 3 | 4 | 5 |

5 6보다 큰 수

| 4 | 5 | 6 | 7 | 8 |

6 0보다 큰 수

| 0 | 1 | 2 | 3 | 4 |

7 2보다 크고 5보다 작은 수

| 1 | 2 | 3 | 4 | 5 | 6 |

2와 5는 들어가지 않아.

8 6보다 크고 9보다 작은 수

| 4 | 5 | 6 | 7 | 8 | 9 |

9 0보다 크고 4보다 작은 수

| 0 | 1 | 2 | 3 | 4 | 5 |

10 3보다 크고 6보다 작은 수

| 3 | 4 | 5 | 6 | 7 | 8 |

11 1보다 크고 5보다 작은 수

| 0 | 1 | 2 | 3 | 4 | 5 |

12 2보다 크고 7보다 작은 수

| 2 | 3 | 4 | 5 | 6 | 7 |

축구 선수들이 설명하고 있는 자신의 등 번호를 쓰세요.

내 등 번호는 3보다 크고 6보다 작은 수예요. 그런데 4는 아닙니다.

6과 9 사이에 있는 수이고, 7보다 큰 수입니다.

4보다 크고 8보다 작은 수인데 5와 7은 아니에요.

5

2와 6 사이에 있는 수 중에서 가장 작은 수예요.

1보다 큰 수예요. 4보다 작은 수예요. 3은 아닙니다.

5와 8 사이에 있는 수이면서 6보다 크고 9보다 작은 수예요.

1 □ 안에 알맞은 수를 써넣으세요.

(1) 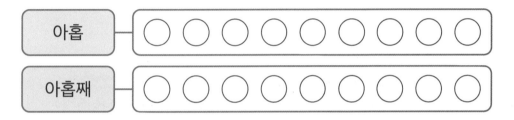 □

(2)

2 알맞게 색칠하세요.

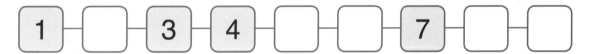

| 아홉 | ○ ○ ○ ○ ○ ○ ○ ○ ○ |
| 아홉째 | ○ ○ ○ ○ ○ ○ ○ ○ ○ |

3 순서에 알맞게 수를 쓰세요.

1 [ ] 3 4 [ ] [ ] 7 [ ] [ ]

4 ○ 안에 알맞은 수를 써넣으세요.

(1) 1만큼 더 작은 수　　　1만큼 더 큰 수

○ — 3 — ○

○ — 6 — ○

(2) 1만큼 더 작은 수　　　1만큼 더 큰 수

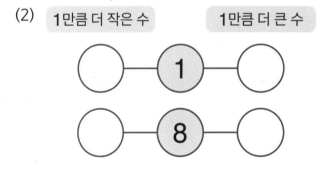

○ — 1 — ○

○ — 8 — ○

5 더 작은 수에 ○표 하세요.

(1)

| 2 | 0 |

(2)

| 6 | 9 |

6 수를 큰 수부터 순서대로 쓰세요.

(1)
| 5 | 7 | 2 |

➡ _____

(2)
| 3 | 0 | 8 | 6 |

➡ _____

7 설명에 알맞은 수를 쓰세요.

4보다 크고 7보다 작은 수예요.
6은 아닙니다.

(   )

8 가위가 3개 있습니다. 지우개는 가위보다 1개 더 많습니다. 지우개는 몇 개일까요?

(   )

9 정현이가 농장에서 참외 4개, 토마토 8개를 땄습니다. 더 적게 딴 것은 무엇일까요?

(   )

10 운동장에 어린이 9명이 한 줄로 서 있습니다. 수아는 뒤에서부터 셋째에 서 있습니다.
수아는 앞에서부터 몇째에 서 있는 걸까요?

(   )

02
여러 가지 모양

· 학습 기록표 ·

학습 일차	학습 내용	날짜	맞은 개수	
			연산	응용
DAY 11	**여러 가지 모양①** 모양 찾기	/	/5	/2
DAY 12	**여러 가지 모양②** 모양 추론	/	/5	/4
DAY 13	**여러 가지 모양③** 모양 만들기	/	/4	/1
DAY 14	**마무리 확인**	/		/8

책상에 붙여 놓고
매일매일 기록해요.

2. 여러 가지 모양

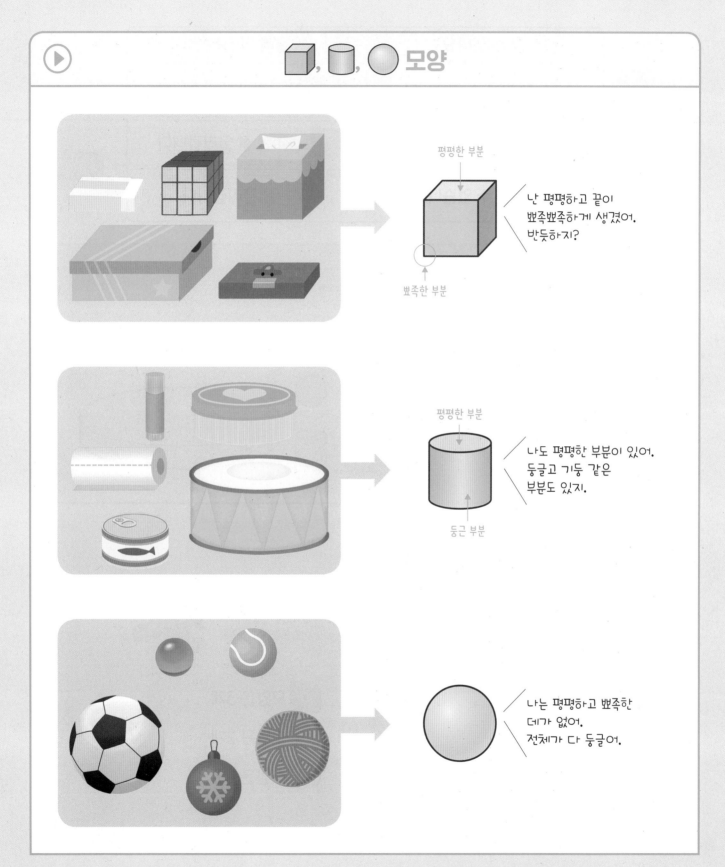

▷ ⬜, ⬛, ⚪ 모양

난 평평하고 끝이 뾰족뾰족하게 생겼어. 반듯하지?

평평한 부분
뾰족한 부분

나도 평평한 부분이 있어. 둥글고 기둥 같은 부분도 있지.

평평한 부분
둥근 부분

나는 평평하고 뾰족한 데가 없어. 전체가 다 둥글어.

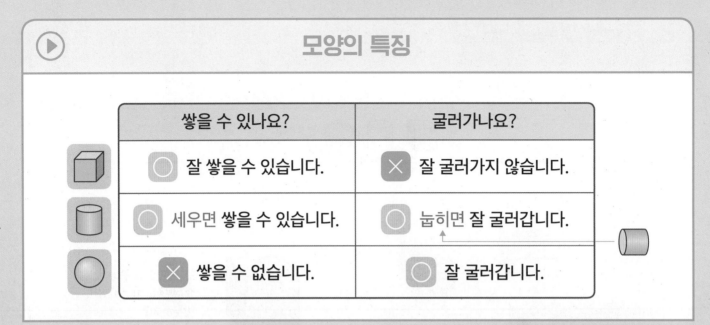

쌓을 수 있나요?	굴러가나요?
◯ 잘 쌓을 수 있습니다.	✕ 잘 굴러가지 않습니다.
◯ 세우면 쌓을 수 있습니다.	◯ 눕히면 잘 굴러갑니다.
✕ 쌓을 수 없습니다.	◯ 잘 굴러갑니다.

모양 만들기

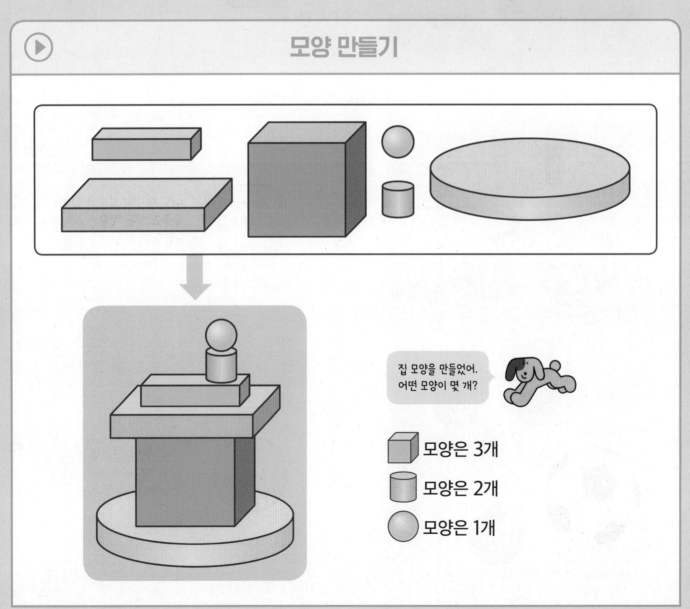

집 모양을 만들었어.
어떤 모양이 몇 개?

🔲 모양은 3개

🔘 모양은 2개

⚪ 모양은 1개

11 여러 가지 모양 ① 모양 찾기

같은 모양에 ◯표 하세요.

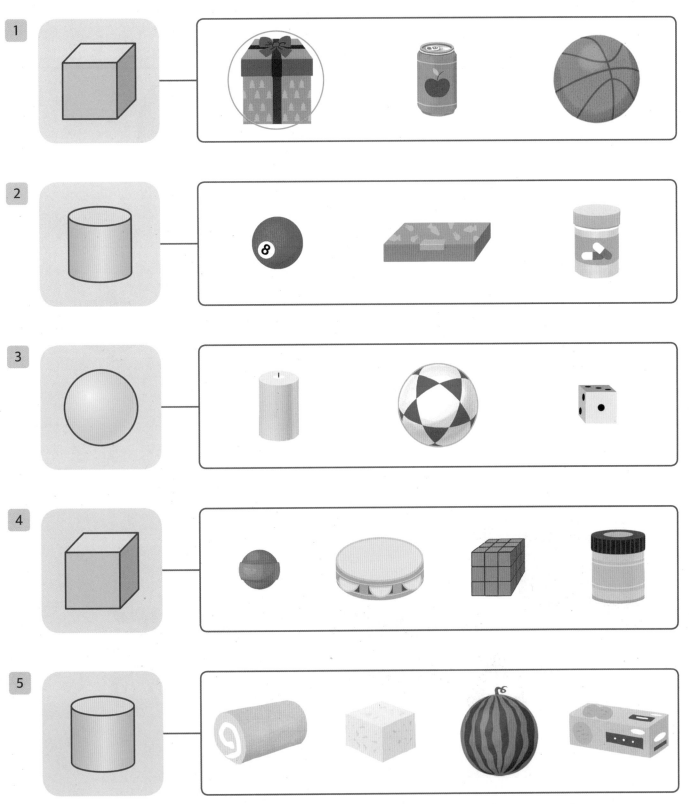

응용 UP 여러 가지 모양①

⬛ 모양에 □표, ⬛ 모양에 △표, ⚪ 모양에 ○표 하세요.

1

2

여러 가지 모양② 모양 추론

모양에 알맞은 물건을 모두 찾아 ○표 하세요.

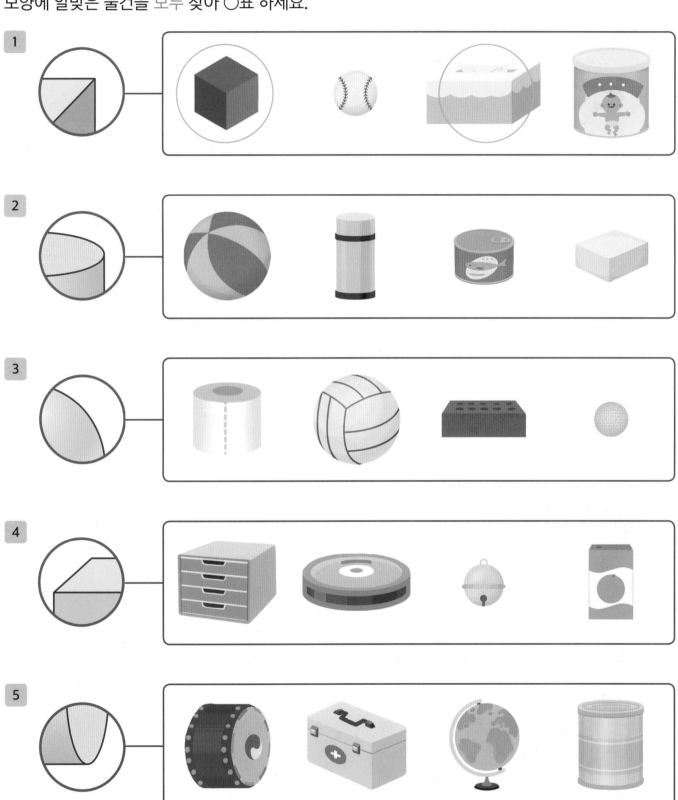

응용 UP 여러 가지 모양②

친구들이 말하는 모양을 찾아 이으세요.

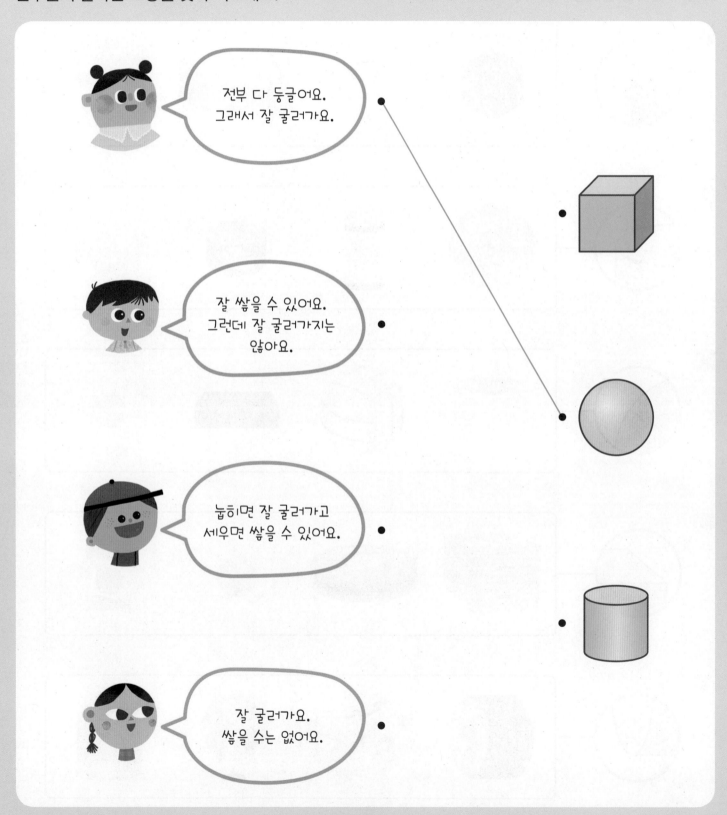

 모양의 수를 세어 쓰세요.

1

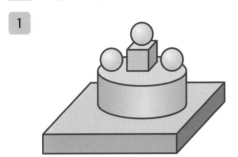

🧊 모양	2
🥫 모양	1
⚪ 모양	

2

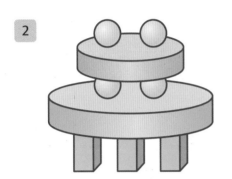

🧊 모양	
🥫 모양	
⚪ 모양	

3

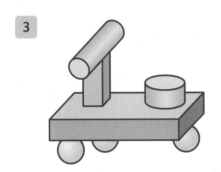 

주의

✏️ 모양은 🥫 모양을 눕혀 놓은 거야.

🧊 모양	
🥫 모양	
⚪ 모양	

4

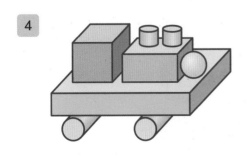

🧊 모양	
🥫 모양	
⚪ 모양	

여러 가지 모양 ③

다른 부분을 **5**군데 찾아 ○표 하세요.

1  모양에 ○표 하세요.

2 모양에 알맞은 물건을 찾아 ○표 하세요.

(1)

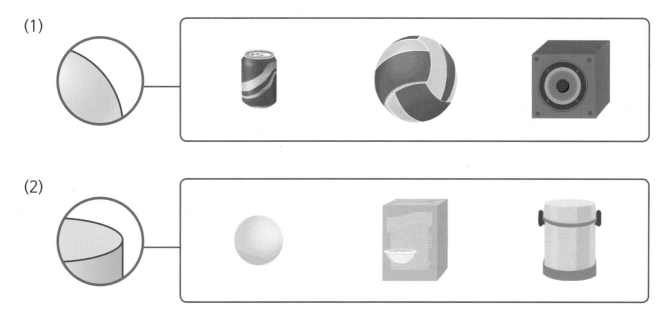

(2)

3 ⬜, ⬛, ⚪ 모양의 수를 세어 쓰세요.

⬜ 모양	
⬛ 모양	
⚪ 모양	

4 설명에 알맞은 모양을 찾아 기호를 쓰세요.

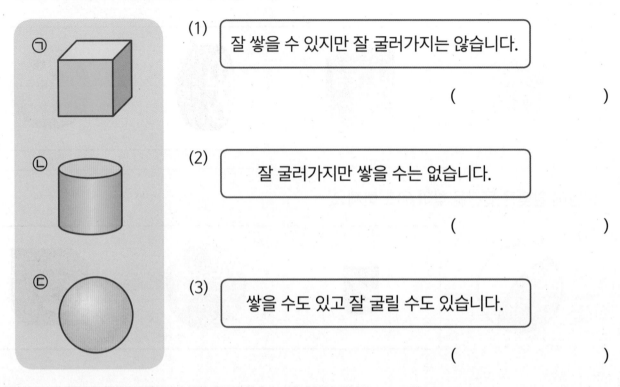

(1)
잘 쌓을 수 있지만 잘 굴러가지는 않습니다.

(   )

(2)
잘 굴러가지만 쌓을 수는 없습니다.

(   )

(3)
쌓을 수도 있고 잘 굴릴 수도 있습니다.

(   )

5 다른 부분을 모두 찾아 ○표 하세요.

03
덧셈과 뺄셈(1)

· 학습 기록표 ·

학습 일차	학습 내용	날짜	맞은 개수	
			연산	응용
DAY 15	**덧셈①** 수 모으기	/	/6	/4
DAY 16	**덧셈②** 수 모으기	/	/15	/1
DAY 17	**덧셈③** 수 모으기	/	/15	/3
DAY 18	**덧셈④** 덧셈하기	/	/18	/5
DAY 19	**덧셈⑤** 덧셈하기	/	/18	/1
DAY 20	**뺄셈①** 수 가르기	/	/6	/4
DAY 21	**뺄셈②** 수 가르기	/	/15	/4
DAY 22	**뺄셈③** 수 가르기	/	/15	/4
DAY 23	**뺄셈④** 뺄셈하기	/	/18	/5
DAY 24	**뺄셈⑤** 뺄셈하기	/	/18	/1
DAY 25	**마무리 확인**	/		/23

책상에 붙여 놓고
매일매일 기록해요.

3. 덧셈과 뺄셈(1)

 ## 덧셈

 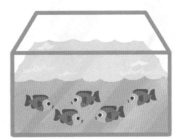 

더하기   같다

5 + 2 = 7

합   이다

읽기 **5** 더하기 **2**는 **7**과 같습니다.
5와 **2**의 합은 **7**입니다.

방법1 그림 그리기로 덧셈하기

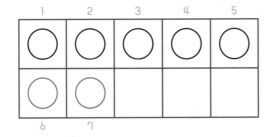

방법2 모으기로 덧셈하기

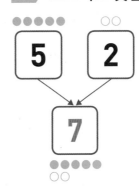

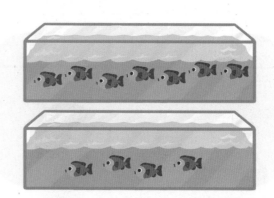

빼기		같다
7 − **4**	**=**	**3**
차		이다

읽기 **7** 빼기 **4**는 **3**과 같습니다.
7과 **4**의 차는 **3**입니다.

방법1 그림 그리기로 뺄셈하기

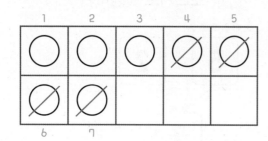

방법2 가르기로 뺄셈하기

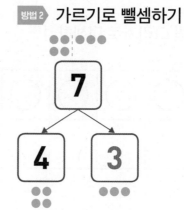

덧셈 ① 수 모으기

모으기를 하세요.

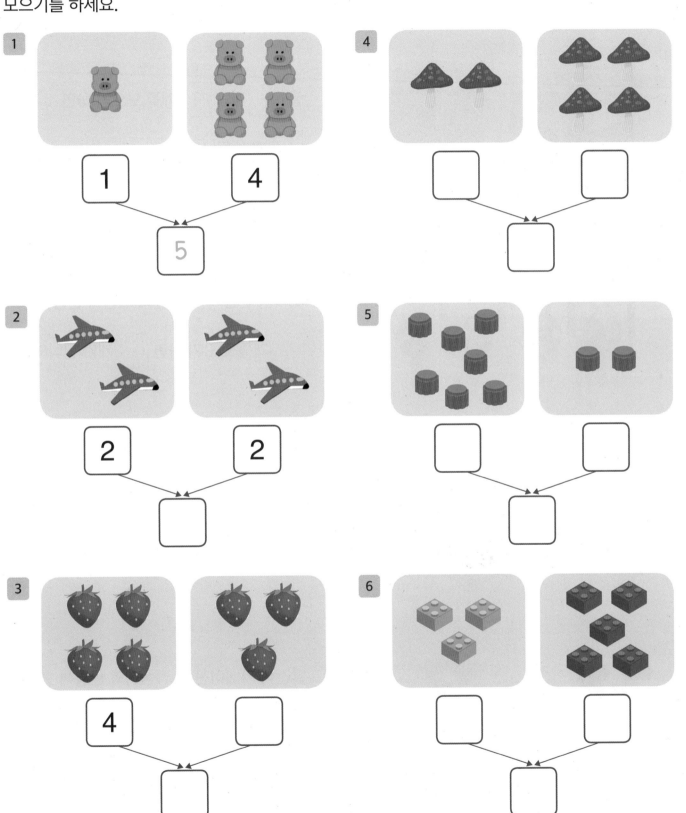

그림을 보고 □ 안에 알맞은 수를 써넣으세요.

1

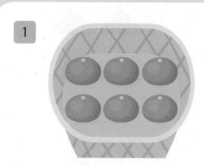
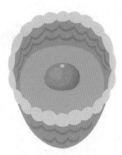

귤 **6** 개와 **1** 개를 모으기 하면

□ 개가 됩니다.

2

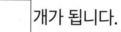

초록색 선풍기 □ 개와 노란색 선풍기

□ 개를 모으기 하면 □ 개가 됩니다.

3

도넛 □ 개와 □ 개를 모으기 하면

□ 개가 됩니다.

4

빨간색 카네이션 □ 송이와 분홍색

카네이션 □ 송이를 모으기 하면

□ 송이가 됩니다.

모으기를 하세요.

1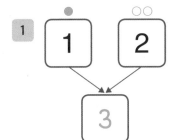

2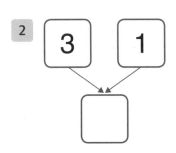

3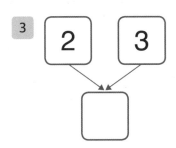

4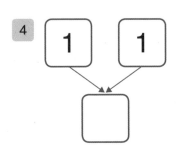

5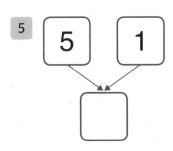

6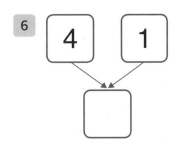

7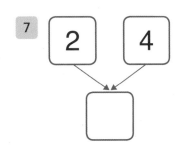

8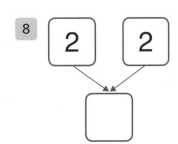

9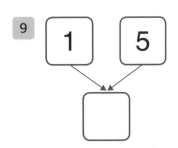

10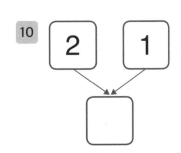

11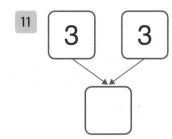

12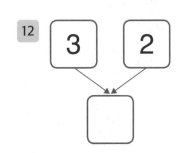

13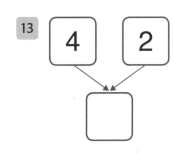

14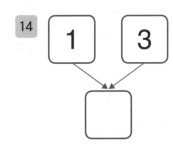

15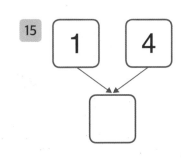

응용 UP 덧셈②

옆과 아래로 모으기를 하여 6이 되도록 두 수를 묶으세요.

3	1	5	2	1	2
4	2	3	2	1	1
2	1	1	2	3	4
1	3	1	1	3	5
2	2	2	4	4	1
2	3	5	1	1	3

모으기를 하세요.

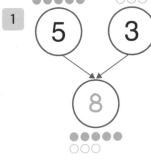

1

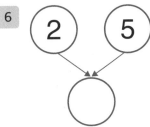

2

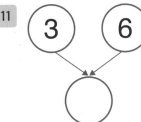

3

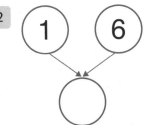

4

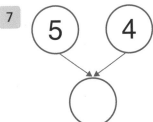

5

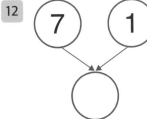

6

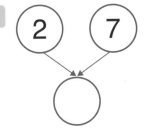

7

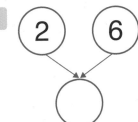

8

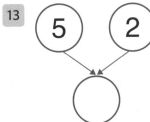

9

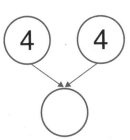

10

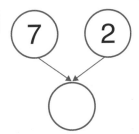

11

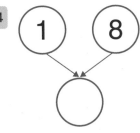

12

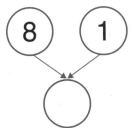

13

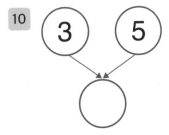

14

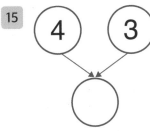

15

빈칸에 알맞은 수를 써넣으세요.

1

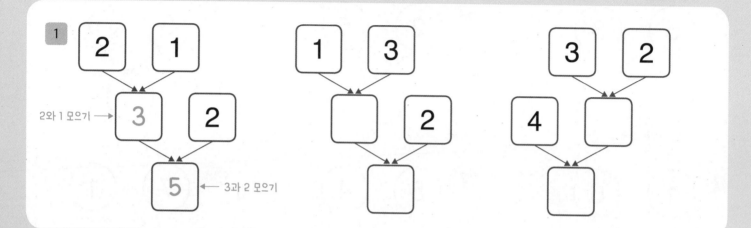

2와 1 모으기 → 3

3과 2 모으기 → 5

2

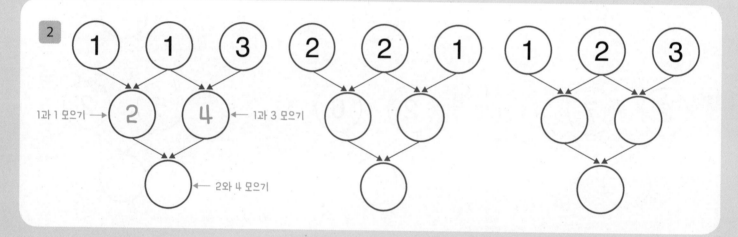

1과 1 모으기 → 2

1과 3 모으기 → 4

2와 4 모으기 →

3

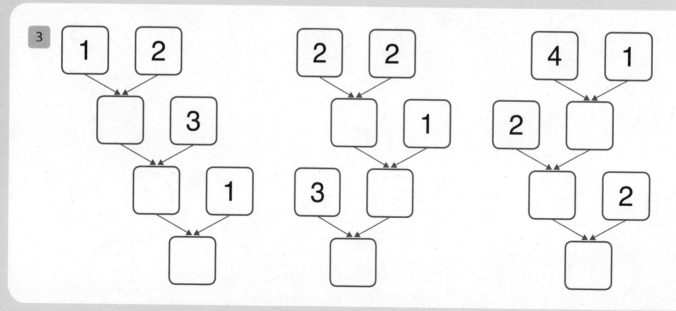

1 2+3=5

●●○○○
2   3
5

7 3+1=

13 4+2=

2 1+2=

8 1+1=

14 1+4=

3 2+2=

9 2+4=

15 2+1=

4 4+1=

10 5+2=

16 3+3=

5 3+4=

11 1+5=

17 1+3=

6 5+1=

12 3+2=

18 6+1=

1. 공원에 어린이가 3명 있었는데 2명이 더 왔습니다.
   공원에 있는 어린이는 모두 몇 명일까요?

   물음에서 모두 구하라고 하면 덧셈식을 세워 해결!

   식 3 + 2 =

   답 _____
   답을 쓸 때 단위도 쓰기! →

2. 송아네 집에 개가 1마리, 고양이가 3마리 있습니다.
   개와 고양이는 모두 몇 마리일까요?

   식

   답 _____

3. 민서의 동생은 6살입니다.
   민서는 동생보다 1살 더 많습니다.
   민서는 몇 살일까요?

   식

   답 _____

4. 진우는 인형을 2개, 아빠는 인형을 4개 뽑았습니다.
   두 사람이 뽑은 인형은 모두 몇 개일까요?

   식

   답 _____

5. 아라는 딱지를 5장 가지고 있었는데 오늘 딱지치기
   에서 4장을 땄습니다.
   아라가 가지고 있는 딱지는 모두 몇 장일까요?

   식

   답 _____

1   $1+6=7$

2   $5+3=$

3   $4+5=$

4   $1+7=$

5   $8+1=$

6   $6+2=$

7   $7+2=$

8   $4+3=$

9   $7+1=$

10   $5+4=$

11   $2+6=$

12   $3+6=$

13   $4+4=$

14   $1+8=$

15   $2+5=$

16   $6+3=$

17   $3+5=$

18   $2+7=$

합이 7보다 큰 덧셈에 색칠하세요.

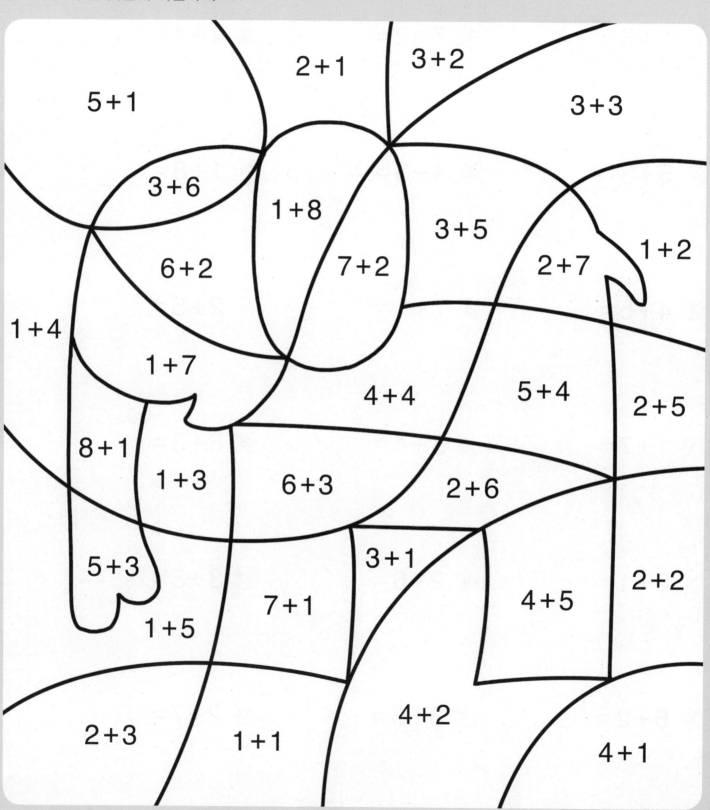

가르기를 하세요.

1

6
↙ ↘
3   3

2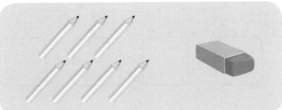

8
↙ ↘
7   ☐

3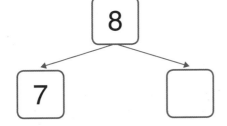

5
↙ ↘
2   ☐

4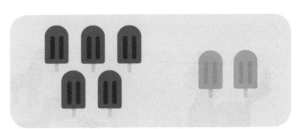

☐
↙ ↘
☐   ☐

5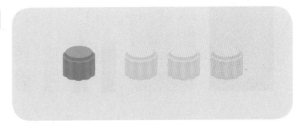

☐
↙ ↘
☐   ☐

6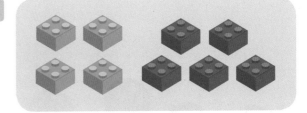

☐
↙ ↘
☐   ☐

가르기를 하세요.

그림을 보고 다양하게 가르기를 해 봐.

1

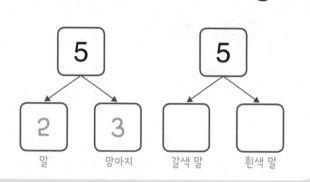

5
2   3
말   망아지

5

갈색 말   흰색 말

2

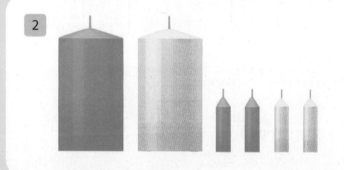

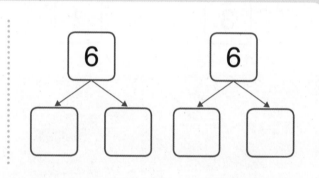

6

6

3

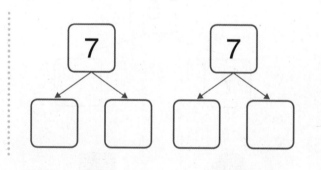

7

7

4

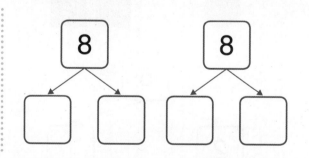

8

8

뺄셈② 수 가르기

가르기를 하세요.

1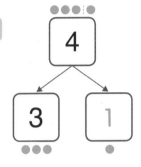

2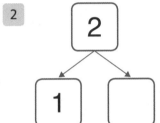

3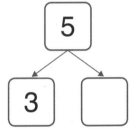

4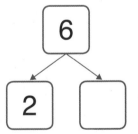

5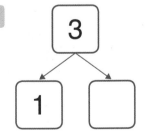

6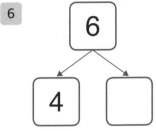

7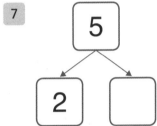

8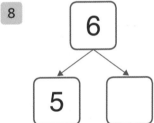

9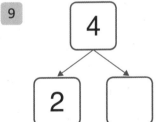

10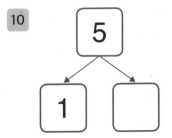

11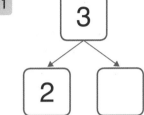

12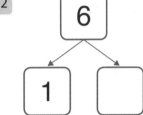

13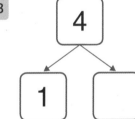

14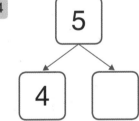

15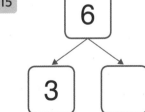

가르기를 하세요.

수를 다양한 방법으로 가르기 해.
한쪽을 1씩 늘이면 다른 쪽은 1씩 줄어들어.

1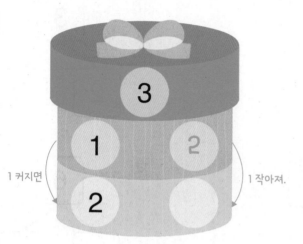

1 커지면   1 작아져.

3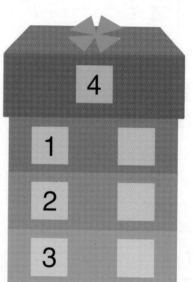

2

4

가르기를 하세요.

1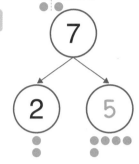

2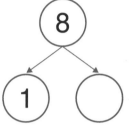

3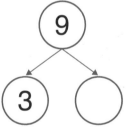

4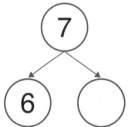

5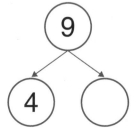

6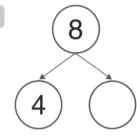

7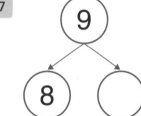

8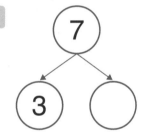

9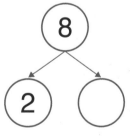

10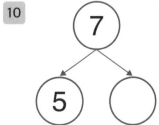

11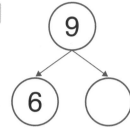

12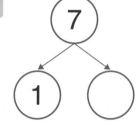

13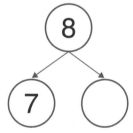

14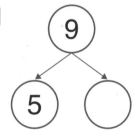

15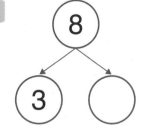

1 민우는 색종이 **4**장을 동생과 똑같이 나누어 가지려고 합니다.
동생에게 몇 장을 주어야 할까요?

나는 1과 3, 2와 2, 3과 1로 가르기 할 수 있어.
이 중에서 똑같은 두 수로 가르기 한 경우는?

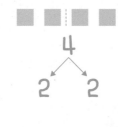

답 _____2장_____

2 동전 **8**개를 두 손에 똑같이 나누어 쥐려고 합니다.
한 손에 몇 개를 쥐어야 할까요?

답 _____

3 공책 **9**권을 세 사람이 똑같이 나누어 가지려고 합니다.
한 사람이 몇 권을 가지면 될까요?

답 _____

4 빵 **4**개가 있습니다.
어제 **2**개를 먹고, 남은 빵을 오늘 두 사람이 똑같이 나누어 먹으려고 합니다.
오늘 한 사람이 몇 개를 먹으면 될까요?

답 _____

1 $3-1=2$

$$\begin{matrix} & \bigcirc\bigcirc\varnothing & \\ & 3 & \\ & \swarrow\searrow & \\ 1 & & 2 \end{matrix}$$

2 $4-3=$

3 $6-2=$

4 $2-1=$

5 $5-3=$

6 $7-2=$

7 $6-3=$

8 $5-4=$

9 $4-1=$

10 $7-3=$

11 $3-2=$

12 $6-1=$

13 $7-6=$

14 $6-4=$

15 $5-2=$

16 $6-5=$

17 $4-2=$

18 $5-1=$

1 놀이터에 어린이 **4**명이 있었는데 **1**명이 갔습니다.
놀이터에 남아 있는 어린이는 몇 명일까요?

물음에서 남은 무엇을 구하라고 하면
뺄셈식을 세워 해결!

식 $4-1=$

답 _____

2 연필이 **3**자루, 볼펜이 **5**자루 있습니다.
볼펜은 연필보다 몇 자루 더 많을까요?

식

답 _____

3 마카롱이 **7**개 있었는데 **2**개를 먹었습니다.
남아 있는 마카롱은 몇 개일까요?

식

답 _____

4 장미가 **6**송이 있고, 튤립은 장미보다 **5**송이 더 적습
니다.
튤립은 몇 송이 있을까요?

식

답 _____

5 해준이가 과자 **8**봉지를 샀습니다.
그중에서 **4**봉지를 친구에게 준다면 과자는 몇 봉지
남을까요?

식

답 _____

1 $8-5=3$

2 $7-5=$

3 $9-4=$

4 $8-1=$

5 $9-7=$

6 $8-4=$

7 $9-3=$

8 $8-6=$

9 $9-2=$

10 $8-3=$

11 $7-1=$

12 $9-8=$

13 $7-4=$

14 $9-1=$

15 $8-7=$

16 $9-6=$

17 $8-2=$

18 $9-5=$

차가 **4**보다 작은 뺄셈을 따라가서 만나는 동물에 ○표 하세요.

1 모으기를 하세요.

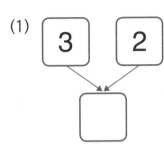

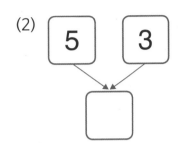

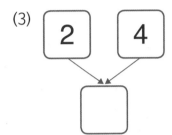

2 가르기를 하세요.

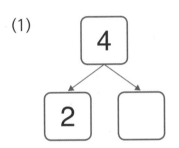

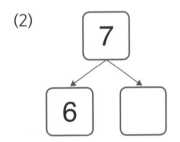

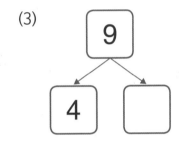

3 덧셈을 하세요.

(1) $3+1=$

(2) $2+3=$

(3) $6+2=$

(4) $1+5=$

(5) $7+2=$

(6) $3+4=$

4 뺄셈을 하세요.

(1) $4-3=$

(2) $6-1=$

(3) $7-5=$

(4) $5-2=$

(5) $8-4=$

(6) $9-1=$

5 빈칸에 알맞은 수를 써넣으세요.

(1)
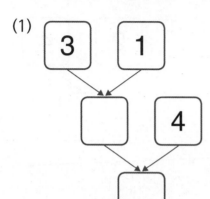

(2)
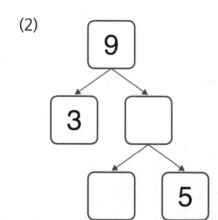

6 나윤이는 붙임딱지 6장을 주현이와 똑같이 나누어 가지려고 합니다. 주현이에게 몇 장을 주어야 할까요?

( )

7 파란색 구슬이 3개, 빨간색 구슬이 5개 있습니다. 구슬은 모두 몇 개일까요?

식 _____ 답 _____

8 주차장에 자동차 9대가 있었는데 2대가 나갔습니다. 주차장에 남아 있는 자동차는 몇 대일까요?

식 _____ 답 _____

04

덧셈과 뺄셈(2)

· 학습 기록표 ·

학습 일차	학습 내용	날짜	맞은 개수	
			연산	응용
DAY 26	**덧셈과 뺄셈 종합①** 덧셈과 뺄셈의 규칙	/	/9	/4
DAY 27	**덧셈과 뺄셈 종합②** 합과 차가 같은 계산	/	/9	/6
DAY 28	**덧셈과 뺄셈 종합③** 덧셈과 뺄셈	/	/18	/5
DAY 29	**덧셈과 뺄셈 종합④** 덧셈과 뺄셈	/	/18	/5
DAY 30	**모르는 수 구하기①** 덧셈식에서 □의 값 구하기	/	/18	/3
DAY 31	**모르는 수 구하기②** 뺄셈식에서 □의 값 구하기	/	/18	/8
DAY 32	**모르는 수 구하기③** 덧셈식과 뺄셈식에서 □의 값 구하기	/	/18	/5
DAY 33	**식 만들기①** 식 완성하기	/	/18	/4
DAY 34	**식 만들기②** 덧셈식과 뺄셈식 만들기	/	/4	/4
DAY 35	**마무리 확인**	/		/27

책상에 붙여 놓고
매일매일 기록해요.

4. 덧셈과 뺄셈(2)

▶ 덧셈의 규칙

더하는 수 **합**

$1 + 0 = 1$

$1 + 1 = 2$

$1 + 2 = 3$

$1 + 3 = 4$

$1 + 4 = 5$

규칙 ▶ 더하는 수가 1씩 커지면 **합도 1씩 커집니다.**

▶ 뺄셈의 규칙

빼는 수 **차**

$5 - 1 = 4$

$5 - 2 = 3$

$5 - 3 = 2$

$5 - 4 = 1$

$5 - 5 = 0$

규칙 ▶ 빼는 수가 1씩 커지면 **차는 1씩 작아집니다.**

$3 + \boxed{} = 5$

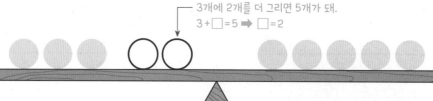

3개에 2개를 더 그리면 5개가 돼.
$3 + \square = 5 \Rightarrow \square = 2$

$3 \quad + \quad \boxed{2} \quad = \quad 5$

$\boxed{} + 2 = 5$

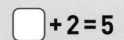 

2개에 3개를 더 그리면 5개가 돼.
$\square + 2 = 5 \Rightarrow \square = 3$

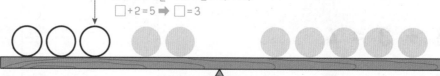

$\boxed{3} \quad + \quad 2 \quad = \quad 5$

$5 - \boxed{} = 3$

5개에서 2개를 지우면 3개가 남아.
$5 - \square = 3 \Rightarrow \square = 2$

$5 \quad - \quad \boxed{2} \quad = \quad 3$

$\boxed{} - 3 = 2$

5개에서 3개를 지우면 2개가 남아.
$\square - 3 = 2 \Rightarrow \square = 5$

$\boxed{5} \quad - \quad 3 \quad = \quad 2$

1 3+1=4
   3+2=5
   3+3=6
   3+4=

2 2+3=
   2+4=
   2+5=
   2+6=

3 5+1=
   5+2=
   5+3=
   5+4=

4 6−1=5
   6−2=4
   6−3=3
   6−4=

5 7−1=
   7−2=
   7−3=
   7−4=

6 8−4=
   8−5=
   8−6=
   8−7=

7 4+5=
   4+4=
   4+3=
   4+2=

8 5−4=
   5−3=
   5−2=
   5−1=

9 9−6=
   9−5=
   9−4=
   9−3=

□ 안에 알맞은 수를 써넣으세요.

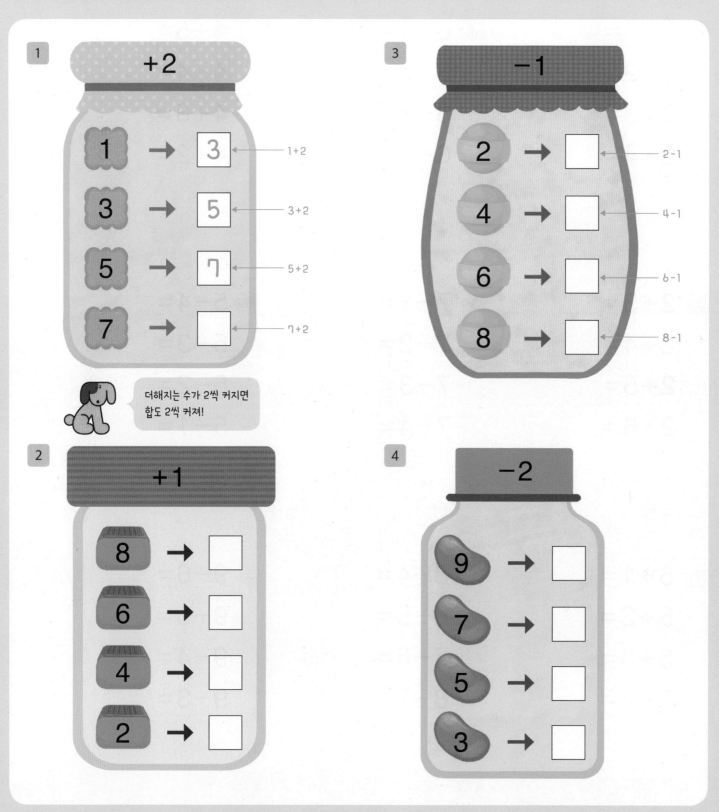

1 +2

1	→	3	1+2
3	→	5	3+2
5	→	7	5+2
7	→		7+2

> 더해지는 수가 2씩 커지면
> 합도 2씩 커져!

2 +1

8	→	
6	→	
4	→	
2	→	

3 −1

2	→		2−1
4	→		4−1
6	→		6−1
8	→		8−1

4 −2

9	→	
7	→	
5	→	
3	→	

1   $1+4=5$
    $2+3=5$
    $3+2=5$
    $4+1=$

한 수가 1씩 커지고
다른 한 수가 1씩 작아지면
합이 같아.

4   $3-1=2$
    $4-2=2$
    $5-3=2$
    $6-4=$

한 수가 1씩 커지고
다른 한 수도 1씩 커지면
차가 같아.

7   $2+6=$
    $4+4=$
    $7+1=$
    $3+5=$

2   $2+4=$
    $3+3=$
    $4+2=$
    $5+1=$

5   $5-2=$
    $6-3=$
    $7-4=$
    $8-5=$

8   $8-4=$
    $7-3=$
    $9-5=$
    $6-2=$

3   $6+1=$
    $5+2=$
    $4+3=$
    $3+4=$

6   $7-6=$
    $6-5=$
    $5-4=$
    $4-3=$

9   $5+4=$
    $6+3=$
    $1+8=$
    $2+7=$

계산 결과가 다른 식에 ×표 하세요.

1
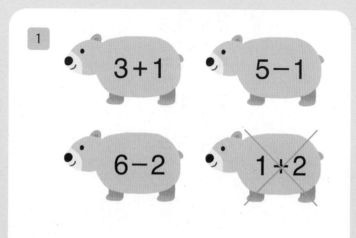

3+1 5-1

6-2 1+2

4

7-2 8-4

3+2 1+4

2
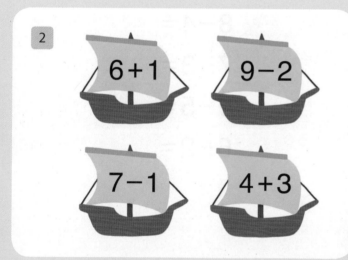

6+1 9-2

7-1 4+3

5

4+5 3+3

9-3 8-2

3

4+4 5-2 7+1

9-1 3+5

6
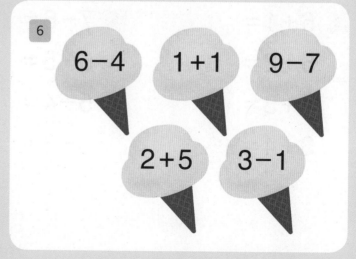

6-4 1+1 9-7

2+5 3-1

1   $5+2=$

2   $2+4=$

3   $3+0=$

4   $1+4=$

5   $6+3=$

6   $0+8=$

7   $5-3=$

8   $7-7=$

9   $9-5=$

10   $6-0=$

11   $3-2=$

12   $4-1=$

13   $0+4=$

14   $8-1=$

15   $7+2=$

16   $4-3=$

17   $3+5=$

18   $5-0=$

1 | 왼손에 구슬이 **3**개 있고, 오른손에 구슬이 **1**개 있습니다. 두 손에 있는 구슬은 모두 몇 개일까요?

 모두 ➡ 덧셈식
남아 있는 ➡ 뺄셈식

식

답 _____

2 | 도서관에 학생이 **4**명 있었는데 **5**명이 더 왔습니다. 도서관에 있는 학생은 모두 몇 명일까요?

식

답 _____

3 | 피자가 **6**조각 있었는데 **4**조각을 먹었습니다. 남아 있는 피자는 몇 조각일까요?

식

답 _____

4 | 분홍 솜사탕이 **7**개, 파란 솜사탕이 **6**개 있습니다. 파란 솜사탕은 분홍 솜사탕보다 몇 개 더 적을까요?

식

답 _____

5 | 솔이가 색종이를 **2**장 가지고 있고, 선우는 **9**장 가지고 있습니다. 누가 색종이를 몇 장 더 많이 가지고 있을까요?

식

답 _____ , _____

1. 2+0=

2. 5+1=

3. 3+4=

4. 6-6=

5. 7-3=

6. 9-6=

7. 1+3=

8. 0+5=

9. 4+4=

10. 5-2=

11. 2-1=

12. 7-0=

13. 3+2=

14. 2+6=

15. 9+0=

16. 4-2=

17. 3-3=

18. 8-5=

1   현수가 동화책을 4권, 위인전을 1권 샀습니다.
    현수는 책을 모두 몇 권 샀을까요?

    식

    답 _____

2   어린이 9명에게 연필을 한 자루씩 나누어 주려고 합
    니다. 연필이 3자루 있습니다.
    연필은 몇 자루 더 필요할까요?

    식

    답 _____

3   정원에 사과나무를 3그루 심었고,
    감나무를 사과나무보다 2그루 더 많이 심었습니다.
    정원에 나무를 모두 몇 그루 심었을까요?

    답 _____

4   젤리가 7개 있었는데
    아침에 1개, 점심에 5개를 먹었습니다.
    남아 있는 젤리는 몇 개일까요?

    답 _____

5   버스에 사람이 8명 타고 있었는데
    이번 정류장에서 5명이 내리고 1명이 더 탔습니다.
    지금 버스에 타고 있는 사람은 몇 명일까요?

    답 _____

□ 안에 알맞은 수를 써넣으세요.

1 $6 + \boxed{2} = 8$

7 $\boxed{} + 1 = 2$

13 $3 + \boxed{} = 7$

2 $3 + \boxed{} = 4$

8 $\boxed{} + 3 = 3$

14 $\boxed{} + 5 = 8$

3 $5 + \boxed{} = 5$

9 $\boxed{} + 4 = 8$

15 $2 + \boxed{} = 9$

4 $1 + \boxed{} = 7$

10 $\boxed{} + 5 = 6$

16 $\boxed{} + 0 = 4$

5 $4 + \boxed{} = 6$

11 $\boxed{} + 6 = 9$

17 $4 + \boxed{} = 5$

6 $5 + \boxed{} = 9$

12 $\boxed{} + 2 = 7$

18 $\boxed{} + 3 = 6$

카드는 어떤 수일지 쓰세요.

1

$4 + ★ = 5$

$★ + ★ = ♥$

$♦ + ♥ = ♥$

$★ = \underline{\quad 1 \quad}$

$♥ = \underline{\quad 2 \quad}$

$♦ = \underline{\qquad\qquad}$

2

$♣ + ♣ = 6$

$♣ - 2 = ★$

$★ + ♣ = ●$

$♣ = \underline{\qquad\qquad}$

$★ = \underline{\qquad\qquad}$

$● = \underline{\qquad\qquad}$

3

$● + ● = 8$

$♥ + ♥ = ●$

$9 - ● = ♠$

$● = \underline{\qquad\qquad}$

$♥ = \underline{\qquad\qquad}$

$♠ = \underline{\qquad\qquad}$

□ 안에 알맞은 수를 써넣으세요.

1 $5 - \boxed{1} = 4$

○○○○∅ ➡ ○○○○

2 $4 - \boxed{} = 2$

3 $8 - \boxed{} = 8$

4 $7 - \boxed{} = 4$

5 $9 - \boxed{} = 5$

6 $6 - \boxed{} = 1$

7 $\boxed{} - 3 = 1$

8 $\boxed{} - 1 = 8$

9 $\boxed{} - 2 = 4$

10 $\boxed{} - 3 = 2$

11 $\boxed{} - 6 = 1$

12 $\boxed{} - 5 = 3$

13 $7 - \boxed{} = 2$

14 $\boxed{} - 2 = 6$

15 $9 - \boxed{} = 2$

16 $\boxed{} - 2 = 1$

17 $6 - \boxed{} = 3$

18 $\boxed{} - 9 = 0$

응용 UP 모르는 수 구하기②

□ 안에 알맞은 수를 써넣으세요.

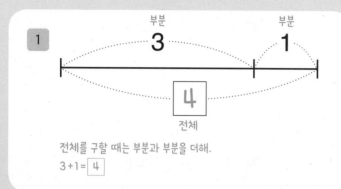

1
부분
3
부분
1
4
전체

전체를 구할 때는 부분과 부분을 더해.
3+1= 4

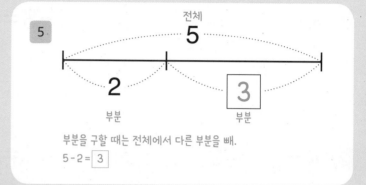

5
전체
5
2
3
부분
부분

부분을 구할 때는 전체에서 다른 부분을 빼.
5-2= 3

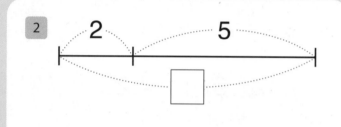

2
2
5

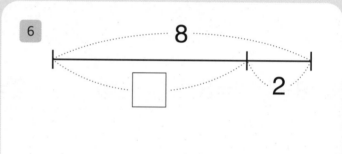

6
8
2

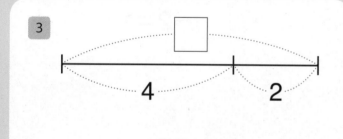

3
4
2

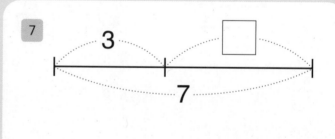

7
3
7

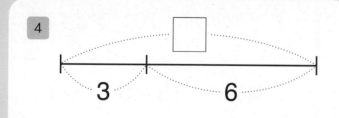

4
3
6

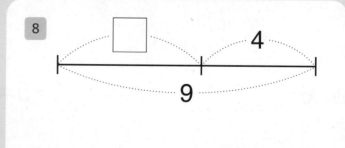

8
4
9

□ 안에 알맞은 수를 써넣으세요.

1 $3 + \boxed{} = 6$

7 $\boxed{} + 2 = 3$

13 $0 + \boxed{} = 9$

2 $7 - \boxed{} = 3$

8 $\boxed{} - 3 = 5$

14 $5 - \boxed{} = 3$

3 $\boxed{} + 3 = 8$

9 $5 + \boxed{} = 7$

15 $\boxed{} + 1 = 5$

4 $\boxed{} - 5 = 4$

10 $3 - \boxed{} = 0$

16 $\boxed{} - 4 = 2$

5 $2 + \boxed{} = 2$

11 $\boxed{} + 5 = 9$

17 $1 + \boxed{} = 8$

6 $3 - \boxed{} = 1$

12 $\boxed{} - 1 = 6$

18 $4 - \boxed{} = 4$

응용 UP 모르는 수 구하기③

1 교실에 학생이 **3**명 있었는데 몇 명이 더 들어와서 **5**명이 되었습니다. 교실에 더 들어온 학생은 몇 명일까요?

 구해야 할 것을 □로 놓고 식을 세워 봐.

식 $3 + \boxed{} = 5$

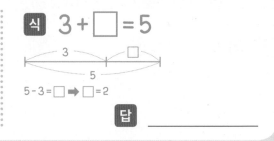

$5 - 3 = \boxed{} \Rightarrow \boxed{} = 2$

답 _____

2 민서가 붙임딱지 **7**장을 가지고 있습니다. 붙임딱지 **8**장을 모으려면 몇 장 더 모아야 할까요?

식

답 _____

3 어항에 물고기 **3**마리를 더 넣었더니 **7**마리가 되었습니다. 처음 어항에 있었던 물고기는 몇 마리일까요?

식

답 _____

4 연필이 **9**자루 있었는데 친구에게 주고 **6**자루가 남았습니다. 친구에게 준 연필은 몇 자루일까요?

식

답 _____

5 봉지에 들어 있는 막대 과자 **4**개를 먹었더니 **4**개가 남았습니다. 처음 봉지에 들어 있었던 막대 과자는 몇 개일까요?

식

답 _____

□ 안에 +, −를 알맞게 써넣으세요.

1　$3 \boxed{+} 4 = 7$

왼쪽 두 수보다 =의
오른쪽 수가 더 크면 덧셈

7　$4 \boxed{} 3 = 1$

가장 왼쪽의 수보다 =의
오른쪽 수가 더 작으면 뺄셈

13　$5 \boxed{} 1 = 6$

2　$5 \boxed{} 1 = 4$

8　$0 \boxed{} 6 = 6$

14　$7 \boxed{} 3 = 4$

3　$6 \boxed{} 2 = 8$

9　$7 \boxed{} 4 = 3$

15　$0 \boxed{} 9 = 9$

4　$1 \boxed{} 1 = 0$

10　$3 \boxed{} 5 = 8$

16　$1 \boxed{} 6 = 7$

5　$8 \boxed{} 5 = 3$

11　$5 \boxed{} 5 = 0$

17　$4 \boxed{} 4 = 8$

6　$4 \boxed{} 5 = 9$

12　$9 \boxed{} 2 = 7$

18　$6 \boxed{} 3 = 3$

◯ 안에 +, −, =를 알맞게 써넣으세요.

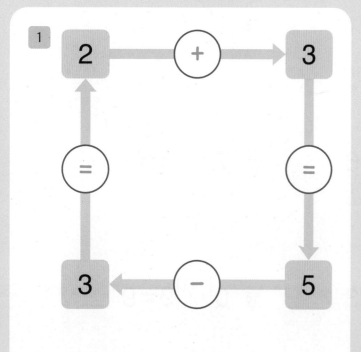

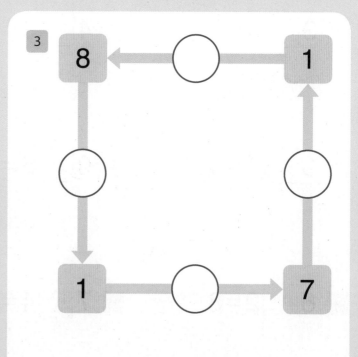

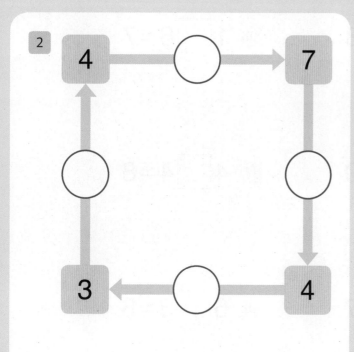

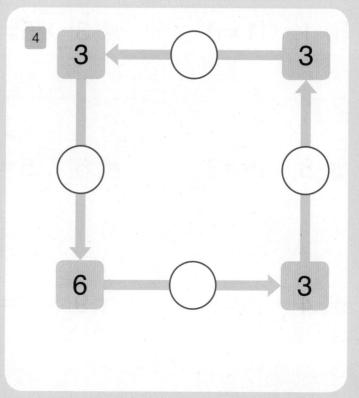

세 수를 모두 이용하여 덧셈식과 뺄셈식을 만드세요.

1

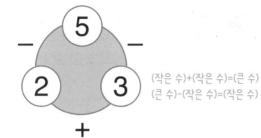

(작은 수)+(작은 수)=(큰 수)
(큰 수)-(작은 수)=(작은 수)

$2 + 3 = 5$

$3 + 2 = \bigcirc$

$5 - 2 = 3$

$5 - 3 = \bigcirc$

3

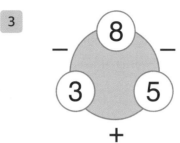

$\bigcirc + \bigcirc = \bigcirc$

$\bigcirc + \bigcirc = \bigcirc$

$\bigcirc - \bigcirc = \bigcirc$

$\bigcirc - \bigcirc = \bigcirc$

2

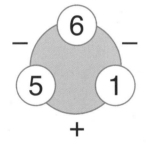

$\bigcirc + \bigcirc = \bigcirc$

$\bigcirc + \bigcirc = \bigcirc$

$\bigcirc - \bigcirc = \bigcirc$

$\bigcirc - \bigcirc = \bigcirc$

4

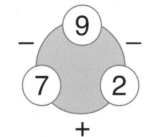

$\bigcirc + \bigcirc = \bigcirc$

$\bigcirc + \bigcirc = \bigcirc$

$\bigcirc - \bigcirc = \bigcirc$

$\bigcirc - \bigcirc = \bigcirc$

1 합이 6이 되는 덧셈식을 만들어 보자.

$$1+5=6$$
$$2+4=6$$

3 차가 3이 되는 뺄셈식을 만들어 보자.

$$4-1=3$$
$$5-2=3$$

2 합이 7이 되는 덧셈식을 만들어 볼까?

4 차가 4가 되는 뺄셈식을 만들어 볼까?

1 덧셈을 하세요.

(1) $2+0=$

$2+1=$

$2+2=$

(2) $3+3=$

$3+2=$

$3+1=$

(3) $5+2=$

$5+3=$

$5+4=$

2 뺄셈을 하세요.

(1) $4-2=$

$4-3=$

$4-4=$

(2) $6-3=$

$6-2=$

$6-1=$

(3) $7-0=$

$7-1=$

$7-2=$

3 □ 안에 +, −를 알맞게 써넣으세요.

(1) $3\ \square\ 2=1$

(2) $2\ \square\ 5=7$

(3) $6\ \square\ 6=0$

(4) $4\ \square\ 1=5$

(5) $8\ \square\ 4=4$

(6) $7\ \square\ 2=9$

4 □ 안에 알맞은 수를 써넣으세요.

(1) $5+\square=8$

(2) $4-\square=3$

(3) $\square+3=9$

(4) $\square-7=0$

(5) $1+\square=6$

(6) $6-\square=2$

(7) $\square+1=1$

(8) $\square-2=7$

(9) $3+\square=5$

5 □ 안에 알맞은 수를 써넣으세요.

(1)   5   3

(2)   9   2

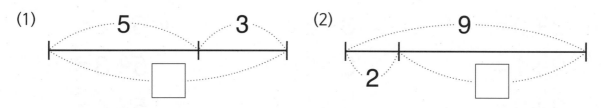

6 두 수의 합이 4가 되는 덧셈식을 만드세요.

$$\square + \square = 4 \qquad \square + \square = 4 \qquad \square + \square = 4$$

7 두 수의 차가 5가 되는 뺄셈식을 만드세요.

$$\square - \square = 5 \qquad \square - \square = 5 \qquad \square - \square = 5$$

8 준서가 공책을 4권 가지고 있고, 연우는 3권 가지고 있습니다. 두 사람이 가지고 있는 공책은 모두 몇 권일까요?

식 _____   답 _____

9 바구니에 배 8개가 있었는데 몇 개를 봉지에 담았더니 바구니에 배가 2개 남았습니다. 봉지에 담은 배는 몇 개일까요?

식 _____   답 _____

05

비교하기

· 학습 기록표 ·

학습 일차	학습 내용	날짜	맞은 개수	
			연산	응용
DAY 36	**비교하기①** 길이 비교	/	/8	/3
DAY 37	**비교하기②** 무게 비교	/	/8	/3
DAY 38	**비교하기③** 넓이 비교	/	/8	/3
DAY 39	**비교하기④** 담을 수 있는 양 비교	/	/8	/3
DAY 40	**마무리 확인**	/		/11

책상에 붙여 놓고
매일매일 기록해요.

5. 비교하기

길이·키·높이 비교

두 물건의 길이 비교

더 길다

더 짧다

← 한쪽 끝을 맞추어서 비교!

세 물건의 길이 비교

가장 길다

가장 짧다

두 사람의 키 비교

더 크다   더 작다

세 사람의 키 비교

가장 크다   가장 작다

두 건물의 높이 비교

더 높다   더 낮다

세 물건의 높이 비교

가장 높다   가장 낮다

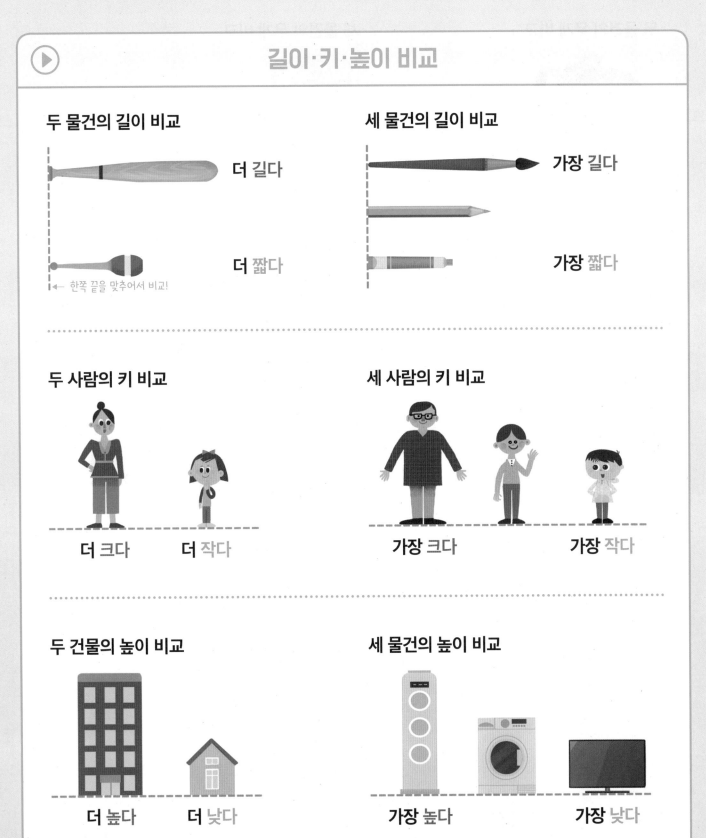

두 물건의 무게 비교

더 무겁다　　　더 가볍다

세 물건의 무게 비교

가장 무겁다　　　가장 가볍다

두 물건의 넓이 비교

더 넓다　　　더 좁다

세 물건의 넓이 비교

가장 넓다　　　가장 좁다

두 그릇에 담을 수 있는 양 비교

더 많다　　　더 적다

세 그릇에 담을 수 있는 양 비교

가장 많다　　　가장 적다

36 비교하기 ① 길이 비교

가장 긴 것에 ◯표, 가장 짧은 것에 △표 하세요.

1

아래쪽 끝이 맞추어져 있으니까 위쪽 끝을 비교해.

(△)   (   )   (◯)

왼쪽 끝이 맞추어져 있어.
오른쪽 끝을 비교하면 되겠지?

5

(   )

(   )

(   )

2

(   )   (   )   (   )

6

(   )

(   )

(   )

3

(   )   (   )   (   )

7

(   )

(   )

(   )

4

(   )   (   )   (   )

8

(   )

(   )

(   )

양쪽 끝이 맞추어져 있어.
많이 구부러질수록 더 길어.

□ 안에 알맞은 어린이의 이름을 써넣으세요.

1 윤서, 정현, 가민이가 가지고 있는 리본입니다.
   윤서의 리본 길이가 가장 길고, **가민**이의 리본 길이가 가장 짧습니다.

| 윤서 |

| 가민 |

| |

2 나현, 연우, 수민이가 한 줄로 서 있습니다.
   나현이는 연우보다 키가 더 크고, 수민이보다 키가 더 작습니다.

나현이를 중심으로 두 친구가 양옆에 서 있어.

3 민아, 재하, 세영이가 쌓은 책입니다.
   세영이가 쌓은 책의 높이가 가장 낮고, 민아가 쌓은 책의 높이가 가장 높습니다.

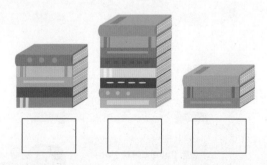

가장 무거운 것에 ○표, 가장 가벼운 것에 △표 하세요.

더 크다고 항상 더 무겁지는 않아.
손으로 들었을 때를 생각하면서 추론!

1

(○)　　( )　　(△)

5

( )　　( )　　( )

2

( )　　( )　　( )

6

( )　　( )　　( )

3

( )　　( )　　( )

7

( )　　( )　　( )

4

( )　　( )　　( )

8

( )　　( )　　( )

1 가장 무거운 어린이를 찾아 ○표 하세요.

시소와 저울은 무거운 쪽이 아래로 내려가.

두 시소에 모두 앉아 있는 어린이보다 더 무거운 친구를 찾아.

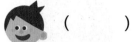 ( )

( )

(○)

2 가장 가벼운 것을 찾아 ○표 하세요.

( )

( )

( )

3 무거운 어린이부터 순서대로 이름을 쓰세요.

준영 서윤 준영 채현

( )

가장 넓은 것에 ◯표, 가장 좁은 것에 △표 하세요.

1

(　　　) (　△　) (　◯　)

세 동전의 한쪽 끝을 맞추어 겹쳐서 비교해.

5

(　　　) (　　　) (　　　)

2

(　　　) (　　　) (　　　)

6

(　　　) (　　　) (　　　)

3

(　　　) (　　　) (　　　)

7

(　　　) (　　　) (　　　)

4

(　　　) (　　　) (　　　)

8

(　　　) (　　　) (　　　)

1 슬기와 윤우는 그림과 같이 색칠한 부분에 꽃을 심었습니다.
더 넓게 꽃을 심은 사람은 누구일까요?

칸의 수가 많은 쪽이 더 넓어.

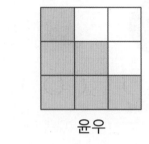

슬기   윤우

(윤우   )

2 주하가 색종이를 그림과 같이 붙였습니다.
주하가 가장 좁게 붙인 색종이의 색깔은 무엇일까요?

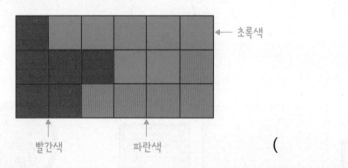

← 초록색

빨간색   파란색

(   )

3 하나, 두리, 세아는 땅따먹기 놀이를 했습니다.
땅이 넓은 사람부터 순서대로 이름을 쓰세요.

			하나	
		두리		
세아				

(   )

담을 수 있는 양이 가장 많은 것에 ○표, 가장 적은 것에 △표 하세요.

1

(○)　(△)　(　)

5

(　)　(　)　(　)

2

(　)　(　)　(　)

6

(　)　(　)　(　)

3

(　)　(　)　(　)

7

(　)　(　)　(　)

4

(　)　(　)　(　)

8

(　)　(　)　(　)

응용 UP 비교하기 ④

1 한서가 똑같은 그릇에 물을 담았습니다.
물이 많이 담긴 그릇부터 순서대로 1, 2, 3을 쓰세요.

물의 높이가 높을수록 물의 양이 많아.

(1)   (   )   (   )

2 컵에 주스를 가득 담으려고 합니다.
더 담아야 할 주스의 양이 가장 많은 컵에 ○표 하세요.

(   )   (   )   (   )

3 시윤이네 모둠 어린이들이 병에 가득 담긴 우유를 마시고 남은 우유입니다.
우유를 가장 적게 마신 사람의 이름을 쓰세요.

시윤   태연   은찬   주영

(   )

1 가장 긴 것에 ○표, 가장 짧은 것에 △표 하세요.

(1)
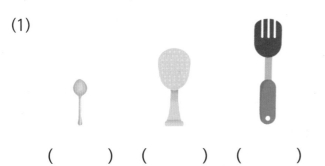

( ) ( ) ( )

(2)
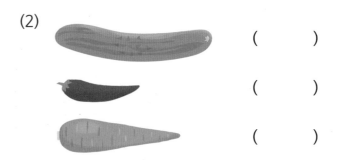

( )

( )

( )

2 가장 무거운 것에 ○표, 가장 가벼운 것에 △표 하세요.

(1)
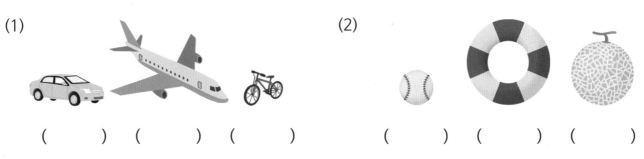

( ) ( ) ( )

(2)

( ) ( ) ( )

3 가장 넓은 것에 ○표, 가장 좁은 것에 △표 하세요.

(1)
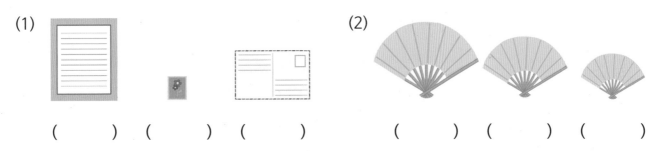

( ) ( ) ( )

(2)

( ) ( ) ( )

4 담을 수 있는 양이 가장 많은 것에 ○표, 가장 적은 것에 △표 하세요.

(1)
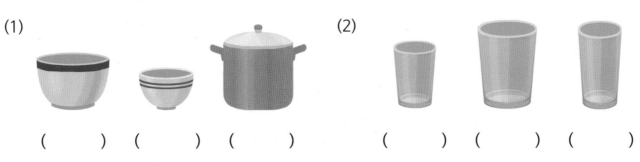

( ) ( ) ( )

(2)

( ) ( ) ( )

응용 평가 UP **마무리 확인**

5 현서, 우주, 동연이가 가지고 있는 연필입니다. 현서의 연필 길이가 가장 길고, 동연이의 연필 길이가 가장 짧습니다. □ 안에 알맞은 어린이의 이름을 써넣으세요.

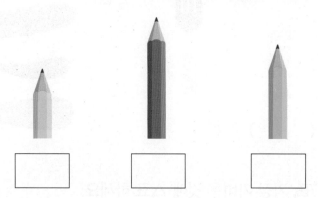

6 가장 무거운 과일은 무엇일까요?

( )

7 강현이와 친구들이 통에 물을 가득 담으려고 합니다. 더 담아야 할 물의 양이 많은 사람부터 순서대로 이름을 쓰세요.

( )

06

50까지의 수

· 학습 기록표 ·

학습 일차	학습 내용	날짜	맞은 개수	
			연산	응용
DAY 41	**두 자리 수①** 몇십	/	/6	/6
DAY 42	**두 자리 수②** 몇십몇	/	/6	/4
DAY 43	**두 자리 수③** 두 자리 수의 구성	/	/10	/4
DAY 44	**두 자리 수④** 두 자리 수의 분해	/	/10	/4
DAY 45	**수의 순서①** 50까지 수의 순서	/	/6	/2
DAY 46	**수의 순서②** 두 수 사이에 있는 수	/	/12	/4
DAY 47	**크기 비교①** 두 수의 크기 비교	/	/12	/4
DAY 48	**크기 비교②** 세 수의 크기 비교	/	/12	/4
DAY 49	**크기 비교③** 수 만들기	/	/8	/4
DAY 50	**마무리 확인**	/		/12

책상에 붙여 놓고
매일매일 기록해요.

몇십

10개씩 묶음 1개	10개씩 묶음 2개	10개씩 묶음 3개	10개씩 묶음 4개	10개씩 묶음 5개
9보다 1만큼 더 큰 수				
10	**20**	**30**	**40**	**50**
십 열	이십 스물	삼십 서른	사십 마흔	오십 쉰

몇십몇

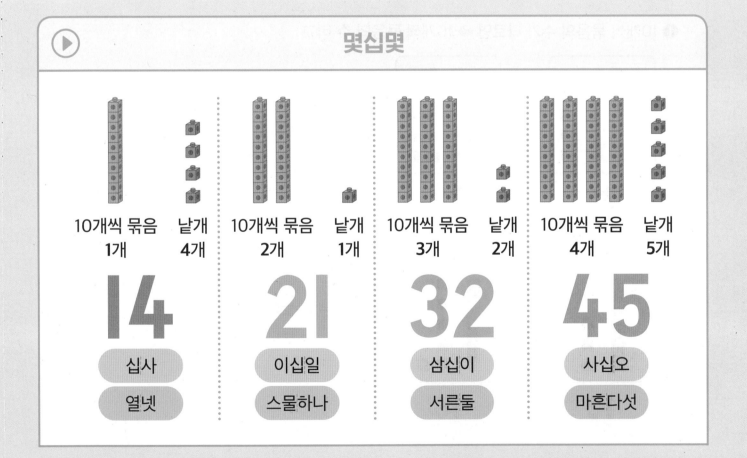

10개씩 묶음 1개	낱개 4개	10개씩 묶음 2개	낱개 1개	10개씩 묶음 3개	낱개 2개	10개씩 묶음 4개	낱개 5개
14		**21**		**32**		**45**	
십사		이십일		삼십이		사십오	
열넷		스물하나		서른둘		마흔다섯	

24와 26 사이에 있는 수

1	2	3	4	5	6	7	8	9	10
11	12	13	14	15	16	17	18	19	20
21	22	23	24	25	26	27	28	29	30
31	32	33	34	35	36	37	38	39	40

25보다 1만큼 더 작은 수   25보다 1만큼 더 큰 수

 수의 크기 비교

❶ 10개씩 묶음의 수가 다르면 ➡ 10개씩 묶음의 수 비교

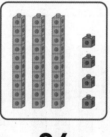

34

29

34는 29보다 큽니다.
29는 34보다 작습니다.

❷ 10개씩 묶음의 수가 같으면 ➡ 낱개의 수 비교

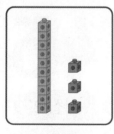

13

16

16은 13보다 큽니다.
13은 16보다 작습니다.

수를 세어 쓰고 읽으세요.

1

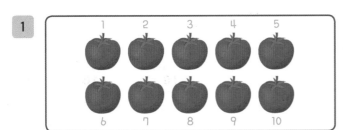

| 10 | 읽기 | 십 | ★ | 열 | |

4

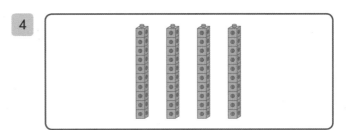

| | 읽기 | | ★ | | |

2

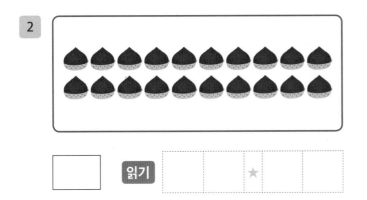

| | 읽기 | | ★ | | |

5

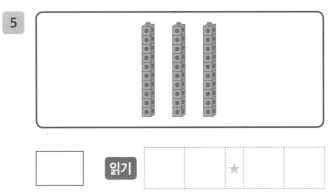

| | 읽기 | | ★ | | |

3

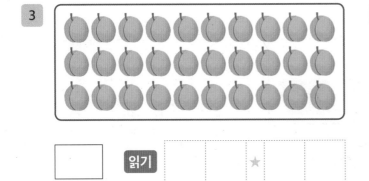

| | 읽기 | | ★ | | |

6

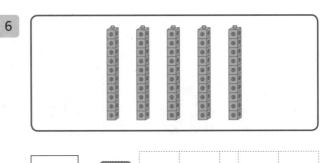

| | 읽기 | | ★ | | |

수직선에서 알맞은 수를 찾아 이으세요.

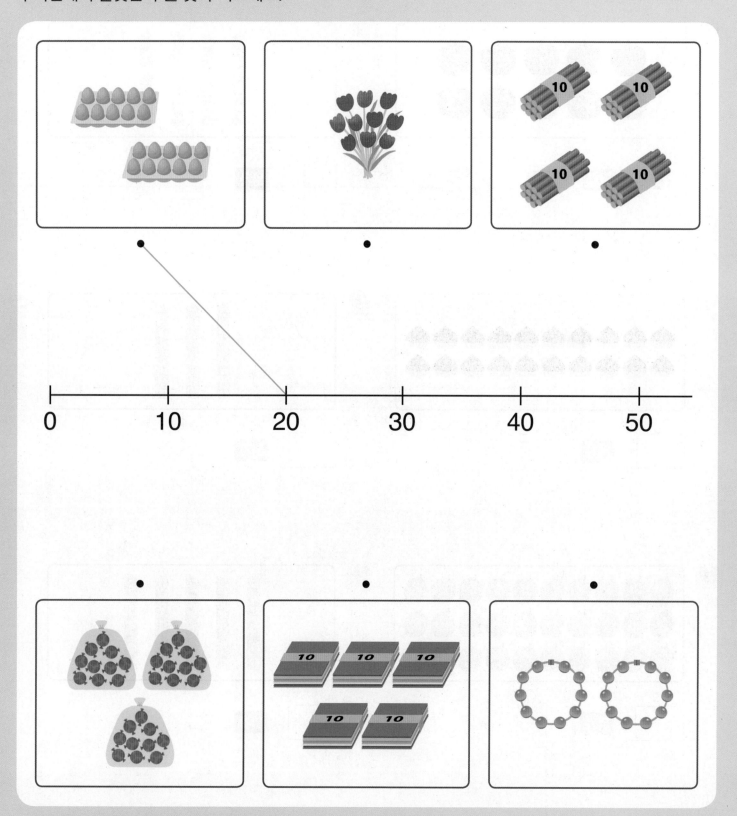

두 자리 수② 몇십몇

수를 세어 쓰고 읽으세요.

1

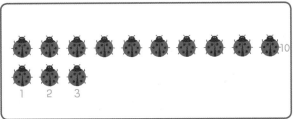

| 13 | 읽기 | 십 | 삼 | |
| | | 열 | 셋 | |

2

| | 읽기 | | | |
| | | | | |

3

| | 읽기 | | | |
| | | | | |

4

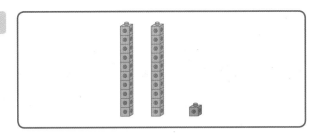

| | 읽기 | | | |
| | | | | |

5

| | 읽기 | | | |
| | | | | |

6

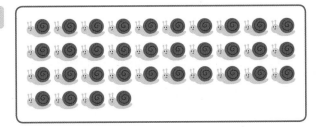

| | 읽기 | | | |
| | | | | |

그림을 보고 수를 문장에 알맞게 읽으세요.

1

12자루

문구점에서 연필을 샀어요.

연필 한 타는 ____열두____ 자루입니다.

2

8

일	월	화	수	목	금	토
	1	2	3	4	5	6
7	8	9	10	11	12	13
	15	16	17	18	19	20
21	22	23	24	25	26	27
28	29	30	31			

광복절은 우리나라의 광복을 기념하는 날로

_____ 월 _____ 일입

니다.

3

36

솔이가 좋아하는 야구 선수의 등 번호는

_____ 입니다.

4

오늘은 엄마의 생신이에요.

엄마의 나이는 _____ 살입니다.

43 두 자리 수 ③ 두 자리 수의 구성

□ 안에 알맞은 수를 써넣으세요.

1

10개씩 묶음	낱개
1	6

➡ 16

6

10개씩 묶음	낱개
2	5

➡ □

2

10개씩 묶음	낱개
4	3

➡ □

7

10개씩 묶음	낱개
3	2

➡ □

3

10개씩 묶음	낱개
3	9

➡ □

8

10개씩 묶음	낱개
2	7

➡ □

4

10개씩 묶음	낱개
2	4

➡ □

9

낱개 10개는 10개씩 묶음 1개와 같아.

10개씩 묶음	낱개
3	10

➡ □

5

10개씩 묶음	낱개
4	8

➡ □

10

10개씩 묶음	낱개
2	11

➡ □

1 구슬이 10개씩 2묶음과 낱개로 3개 있습니다.
구슬은 모두 몇 개일까요?

10개씩 묶음	낱개	
2	3	→ 23

답 ___23개___

2 색종이가 10장씩 3묶음과 낱장으로 5장 있습니다.
색종이는 모두 몇 장일까요?

답 _____

3 탁구공이 10개씩 4상자와 낱개로 2개 있습니다.
탁구공은 모두 몇 개일까요?

답 _____

4 윤후가 고구마를 10개씩 1봉지와 낱개로 7개 캤고,
정서는 10개씩 2봉지와 낱개로 1개 캤습니다.
두 사람이 캔 고구마는 모두 몇 개일까요?

답 _____

빈칸에 알맞은 수를 써넣으세요.

1 34 →

10개씩 묶음	낱개
3	4

6 29 →

10개씩 묶음	낱개
2	

2 27 →

10개씩 묶음	낱개
	7

7 40 →

10개씩 묶음	낱개
	0

3 20 →

10개씩 묶음	낱개
2	

8 38 →

10개씩 묶음	낱개
3	

4 31 →

10개씩 묶음	낱개
3	

9 42 →

10개씩 묶음	낱개
	12

5 46 →

10개씩 묶음	낱개
	6

10 50 →

10개씩 묶음	낱개
4	

같은 것끼리 이으세요.

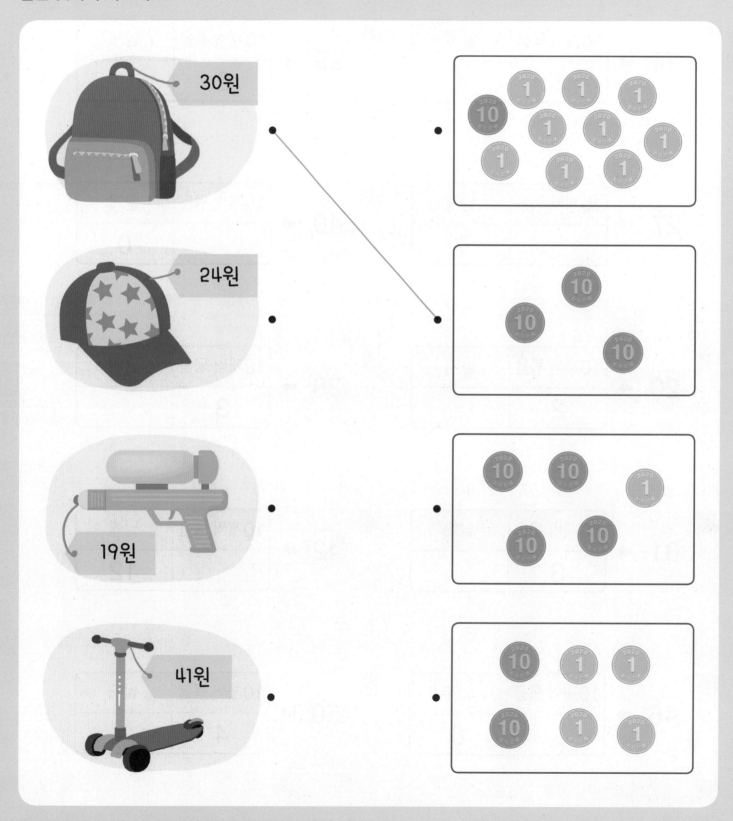

순서에 알맞게 수를 쓰세요.

1 | 9 | 10 | 11 | 12 | 13 | 14 | 15 | □ | 17 | 18 |

1만큼 더 큰 수

2 | 22 | 23 | □ | 25 | □ | □ | 28 | 29 | 30 | □ |

3 | □ | 36 | 37 | □ | 39 | 40 | □ | □ | □ | 44 |

수가 작아지고 있어.
1만큼 더 작은 수를 써 봐.

4 | 19 | ○ | 17 | ○ | 15 | 14 | 13 | ○ | ○ | 10 |

1만큼 더 작은 수

5 | ○ | 33 | ○ | 31 | 30 | ○ | ○ | 27 | 26 | ○ |

6 | 46 | 45 | ○ | 43 | ○ | 41 | ○ | ○ | ○ | 37 |

수를 순서대로 이어 그림을 완성하세요.

두 수 사이에 있는 수를 모두 쓰세요.

1 9와 11

➡ _____ 10 _____

9와 11 사이에 있는 수
9̶ 10 1̶1̶

2 24와 26

➡ _____

3 47과 49

➡ _____

4 12와 15

➡ _____

5 17과 20

➡ _____

6 29와 32

➡ _____

7 34와 38

➡ _____

8 37과 41

➡ _____

9 46과 50

➡ _____

10 11과 16

➡ _____

11 25와 30

➡ _____

12 40과 45

➡ _____

1 동화책을 번호 순서대로 꽂으려고 합니다.
9번과 13번 사이에 꽂아야 할 동화책은 모두 몇 **권**
일까요?

9번과 13번 사이
➡ 10번부터 12번까지
➡ 10 - 11 - 12
➡ 3권

답   3권

2 유주네 반 어린이들이 번호 순서대로 줄을 섰습니다.
18번과 21번 사이에 서 있는 어린이는 모두 몇 명일
까요?

답

3 현서네 가족이 빈자리 없게 한 명씩 앉은 공연장 자리
는 20번과 26번 사이입니다.
현서네 가족은 모두 몇 명일까요?

답

4 준수는 문제집을 어제 29쪽까지 풀었고,
내일은 34쪽부터 풀면 됩니다.
준수는 오늘 문제집을 몇 쪽 풀었을까요?

답

더 큰 수에 ○표 하세요.

1 | 15 | (20) |

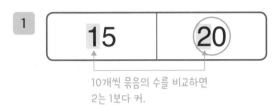

10개씩 묶음의 수를 비교하면
2는 1보다 커.

2 | 33 | 18 |

3 | 42 | 36 |

4 | 29 | 49 |

5 | 14 | 31 |

6 | 50 | 47 |

7 | (39) | 32 |

낱개의 수를 비교하면
9는 2보다 커.

8 | 24 | 26 |

9 | 40 | 43 |

10 | 16 | 11 |

11 | 35 | 37 |

12 | 48 | 44 |

1 건우가 줄넘기를 39번 했고, 윤하는 46번 했습니다. 줄넘기를 더 많이 한 사람은 누구일까요?

10개씩 묶음의 수를 비교해.

건우	윤하
39	46

↑
더 큰 수

답   윤하

2 농장에 돼지가 21마리, 닭이 25마리 있습니다. 농장에 더 적게 있는 동물은 무엇일까요?

답 _____

3 정민이가 색종이를 37장 가지고 있고, 혜나는 10장씩 3묶음과 낱장으로 2장 가지고 있습니다. 색종이를 더 많이 가지고 있는 사람은 누구일까요?

답 _____

4 문구점에 지우개가 10개씩 5상자 있고, 풀이 10개씩 4상자와 낱개로 8개 있습니다. 더 적게 있는 학용품은 무엇일까요?

답 _____

가장 큰 수에 ○표, 가장 작은 수에 △표 하세요.

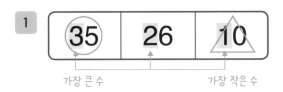

1	35	26	10

가장 큰 수 ← 35 │ 26 → │ 10 → 가장 작은 수

7	24	21	27

2	22	18	43

8	30	33	39

3	48	20	17

9	13	16	12

4	31	47	25

10	45	42	41

5	19	29	32

11	23	38	25

6	34	50	46

12	37	19	32

1 축구공이 **12**개, 농구공이 **15**개, 야구공이 **17**개 있습니다.
가장 많이 있는 공은 무엇일까요?

10개씩 묶음의 수가 1로 같으니까 낱개의 수를 비교해.

축구공	농구공	야구공
12	15	17

↑
가장 큰 수

답   야구공

2 해바라기가 **31**송이, 국화가 **28**송이, 백합이 **43**송이 있습니다.
가장 적게 있는 꽃은 무엇일까요?

답 _____

3 솔이네 모둠 어린이들이 오이 **44**개, 가지 **47**개, 호박 **42**개를 땄습니다.
적게 딴 채소부터 순서대로 이름을 쓰세요.

답 _____

4 우재가 붙임딱지를 **29**장 모았고, 수아는 **34**장 모았습니다. 현수는 우재보다 **1**장 더 많이 모았습니다.
붙임딱지를 많이 모은 사람부터 순서대로 이름을 쓰세요.

답 _____

수 카드를 한 번씩만 사용하여 몇십몇을 만드세요.

1 | 1 | 3 |

큰 수부터 차례로   작은 수부터 차례로
➡ | 3 | 1 | , | 1 | 3 |
    큰 수   작은 수

5 | 1 | 2 | 4 |

➡ | | | , | | |
   가장 큰 수   가장 작은 수

2 | 2 | 4 |

➡ | | | , | | |
    큰 수   작은 수

6 | 1 | 3 | 4 |

➡ | | | , | | |
   가장 큰 수   가장 작은 수

3 | 3 | 2 |

➡ | | | , | | |
    큰 수   작은 수

7 | 4 | 3 | 2 |

➡ | | | , | | |
   가장 큰 수   가장 작은 수

4 | 4 | 1 |

➡ | | | , | | |
    큰 수   작은 수

8 | 3 | 1 | 0 |

➡ | | | , | | |
   가장 큰 수   가장 작은 수

0은 맨 앞에
올 수 없어!

수 카드가 한 장씩 있습니다. 이 중에서 2장을 뽑아 조건을 만족하는 수를 만드세요.

1 10개씩 묶음의 수가 1인 가장 큰 수

`1` `2` `3`

10개씩 묶음	낱개
1	3

남은 수 2와 3 중에서
더 큰 수

답 __13__

2 낱개의 수가 4인 가장 작은 수

`0` `1` `4` `5`

 0은 맨 앞에 올 수 없으니까
4 앞자리에 어떤 수가 와야 할까?

답 ____

3 20보다 크고 30보다 작은 수 중에서 가장 작은 수

`2` `3` `4` `5`

답 ____

4 30보다 크고 40보다 작은 수 중에서 가장 큰 수

`1` `3` `4` `5`

답 ____

1 수를 세어 쓰세요.

(1)
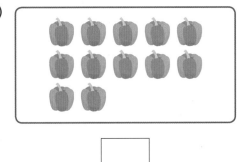

☐

(2)
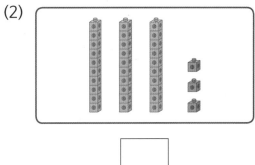

☐

2 빈칸에 알맞은 수를 써넣으세요.

(1)

10개씩 묶음	낱개
2	8

➡ ☐

(2)

49 ➡

10개씩 묶음	낱개
4	

3 순서에 알맞게 수를 쓰세요.

(1)

16 ☐ 18 19 ☐ 21 ☐ ☐ 24 ☐

(2)
☐ 49 ☐ ☐ 46 ☐ 44 43 ☐ 41

4 더 작은 수에 ○표 하세요.

(1)

26	35

(2)

49	41

5 공책이 10권씩 3묶음과 낱권으로 7권 있습니다. 공책은 모두 몇 권일까요?

( )

6 병원에서 사람들이 대기 번호표를 뽑고 기다리고 있습니다. 37번과 42번 사이에 있는 사람은 모두 몇 명일까요?

( )

7 접시에 인절미가 23개, 백설기가 19개, 송편이 26개 있습니다. 가장 많이 있는 떡은 무엇일까요?

( )

8 수 카드가 한 장씩 있습니다. 이 중에서 2장을 뽑아 낱개의 수가 2인 가장 큰 수와 가장 작은 수를 만드세요.

| 0 | 1 | 2 | 3 | 4 |

가장 큰 수 ( )

가장 작은 수 ( )

• 메모 •

앗!

본책의 정답과 풀이를 분실하셨나요?
길벗스쿨 홈페이지에 들어오시면 내려받으실 수 있습니다.
https://school.gilbut.co.kr/

기적의 계산법 응용 UP

정답과 풀이

초등 1학년 1권

1권

DAY 1

11쪽
12쪽

연산 UP

1	1	읽기	하 나	★일
2	4	읽기	넷	★사
3	2	읽기	둘	★이
4	5	읽기	다 섯	★오
5	3	읽기	셋	★삼
6	1	읽기	하 나	★일
7	4	읽기	넷	★사
8	2	읽기	둘	★이

응용 UP

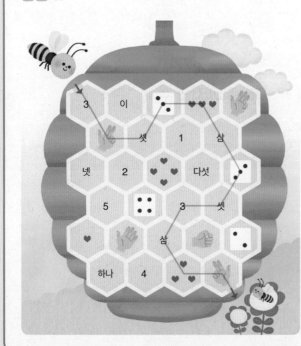

DAY 2

13쪽
14쪽

연산 UP

1	6	읽기	여 섯	★육
2	7	읽기	일 곱	★칠
3	8	읽기	여 덟	★팔
4	9	읽기	아 홉	★구
5	7	읽기	일 곱	★칠
6	9	읽기	아 홉	★구
7	6	읽기	여 섯	★육
8	8	읽기	여 덟	★팔

응용 UP

1	8
2	4
3	2, 5
4	6, 3

연산 UP

1

2

3

4

5

6

7

8

응용 UP

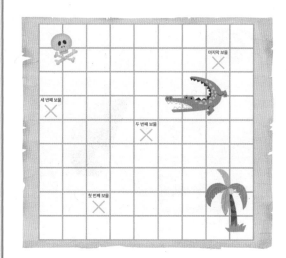

연산 UP

응용 UP

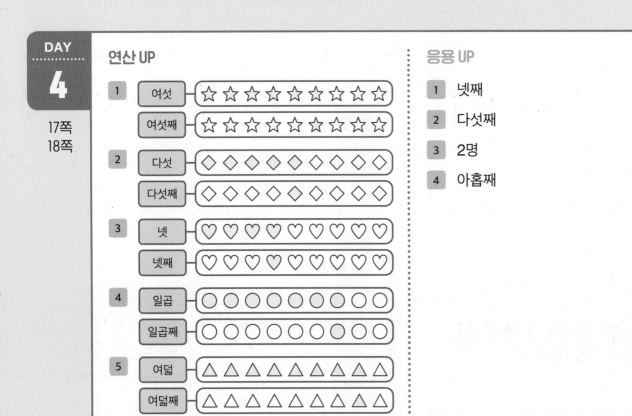

1	여섯 ☆☆☆☆☆☆☆☆☆
	여섯째 ☆☆☆☆☆☆☆☆☆
2	다섯 ◇◇◇◇◇◇◇◇◇
	다섯째 ◇◇◇◇◇◇◇◇◇
3	넷 ♡♡♡♡♡♡♡♡♡
	넷째 ♡♡♡♡♡♡♡♡♡
4	일곱 ○○○○○○○○○
	일곱째 ○○○○○○○○○
5	여덟 △△△△△△△△△
	여덟째 △△△△△△△△△

응용 UP
1 넷째
2 다섯째
3 2명
4 아홉째

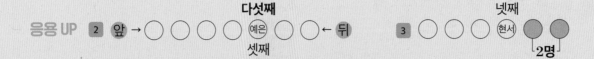

다섯째

응용 UP 2 앞 → ○○○○ 예은 ○○ ← 뒤
셋째

넷째
3 ○○○ 현서 ●●
└2명┘

연산 UP

응용 UP

1 4, 6, 7
2 3, 5, 6, 9
3 2, 4, 5, 7, 8
4 7, 5, 2
5 8, 6, 3, 2
6 8, 7, 4, 3, 1

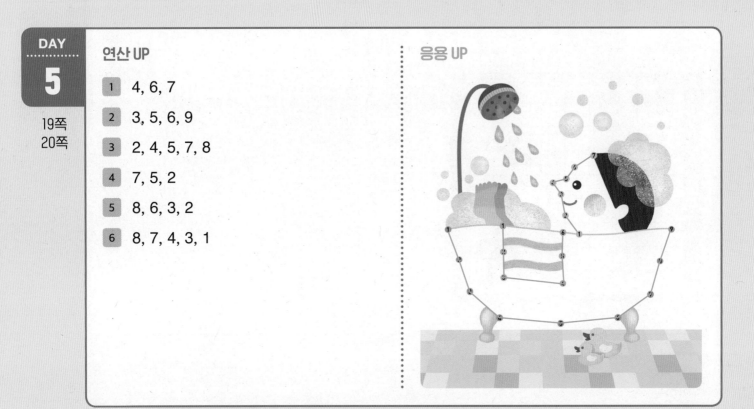

DAY 6

연산 UP

1. 1, 3
2. 6, 8
3. 3, 5
4. 5, 7
5. 4, 6
6. 7, 9
7. 2, 4
8. 0, 2

바로개념 0, 영

응용 UP

1. 6장
2. 7쪽
3. 3개
4. 9마리

21쪽
22쪽

응용 UP

2. 8보다 1만큼 더 작은 수 ➡ 7
3. 젤리는 캐러멜보다 1개 더 적습니다.
   4보다 1만큼 더 작은 수 ➡ 3
4. 벌: 7보다 1만큼 더 큰 수 ➡ 8
   잠자리: 8보다 1만큼 더 큰 수 ➡ 9

DAY 7

연산 UP

1. 1　⑤
2. ⑥　3
3. 4　⑨
4. 2　⑦
5. ④　2
6. ⑧　0
7. ⑦　4
8. 5　⑧
9. 2　⑥
10. 0　③
11. ⑨　1
12. 5　⑦

응용 UP

1. 나팔꽃
2. 복숭아
3. 기린
4. 설아

바로개념 더 (작은 수 , 큰 수)

5. 윤하, 1개

23쪽
24쪽

응용 UP

2. 2는 5보다 작습니다.
3. 6은 4보다 큽니다.
4. 2는 8보다 작습니다.
5. 준수: ○○○○
   윤하: ○○○○○
   ➡ 5는 4보다 1만큼 더 큽니다.

연산 UP

1 3 ⟨1⟩ ④
2 ⑧ 5 ⟨2⟩
3 ⟨0⟩ ⑨ 1
4 ⟨4⟩ 6 ⑦
5 ⑤ ⟨2⟩ 3
6 ⑨ 7 ⟨6⟩

7 ⟨2⟩ ⑥ 5
8 ⑦ 3 ⟨0⟩
9 6 ⑧ ⟨3⟩
10 ⟨5⟩ 7 9
11 4 ⟨0⟩ ⑥
12 ⟨1⟩ 4 8

응용 UP

1 1, 5, 6, 8
2 0, 4, 7, 9
3 2, 3, 6, 8, 9

응용 UP 수를 순서대로 썼을 때 앞에 나올수록 작은 수입니다.

1 0 — ① — 2 — 3 — 4 — ⑤ — ⑥ — 7 — ⑧ — 9 ➡ 1, 5, 6, 8
2 ⓪ — 1 — 2 — 3 — ④ — 5 — 6 — ⑦ — 8 — ⑨ ➡ 0, 4, 7, 9
3 0 — 1 — ② — ③ — 4 — 5 — ⑥ — 7 — ⑧ — ⑨ ➡ 2, 3, 6, 8, 9

연산 UP

1 1 2 3 4 5
2 3 4 5 6 7
3 5 6 7 8 9
4 1 2 3 4 5
5 4 5 6 7 8
6 0 1 2 3 4

7 1 2 3 4 5 6
8 4 5 6 7 8 9
9 0 1 2 3 4 5
10 3 4 5 6 7 8
11 0 1 2 3 4 5
12 2 3 4 5 6 7

응용 UP

 5
 8
 6
 3
 2
 7

응용 UP

4, 5
↓ 4는 아닙니다.
5

7, 8
↓ 7보다 큰 수
8

5, 6, 7
↓ 5와 7은 아닙니다.
6

3, 4, 5
↓ 가장 작은 수
3

2, 3
↓ 3은 아닙니다.
2

6, 7
7, 8
↓
7

1 (1) 4　　　　　(2) 7

2

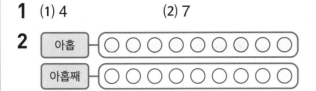

3 2, 5, 6, 8, 9

4 (1) 2, 4　　　　(2) 0, 2
　　　　5, 7　　　　　　7, 9

5 (1) | 2 | ⓪ |　(2) | ⑥ | 9 |

6 (1) 7, 5, 2
　　(2) 8, 6, 3, 0

7 5

8 4개

9 참외

10 일곱째

---

6 수를 순서대로 썼을 때 뒤에 나올수록 큰 수입니다.

(1) 0—1—②—3—4—⑤—6—⑦—8—9 ➡ 7, 5, 2

(2) ⓪—1—2—③—4—5—⑥—7—⑧—9 ➡ 8, 6, 3, 0

7 5, 6
　↓ 6은 아닙니다.
　5

8 3보다 1만큼 더 큰 수 ➡ 4

9 4는 8보다 작습니다.

일곱째

10 앞 → ○ ○ ○ ○ ○ ○ ㉡ ○ ○ ← 뒤
　　　　　　　　　　　셋째

02 여러 가지 모양

DAY
11

35쪽
36쪽

연산 UP

응용 UP

연산 UP 5 롤케이크는 ⬭ 모양을 눕혀 놓은 모양입니다.

....

응용 UP 1 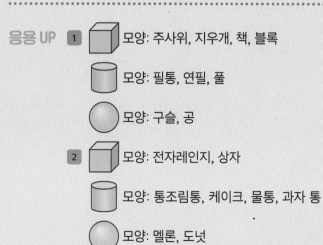 모양: 주사위, 지우개, 책, 블록

⬭ 모양: 필통, 연필, 풀

○ 모양: 구슬, 공

2 ▢ 모양: 전자레인지, 상자

⬭ 모양: 통조림통, 케이크, 물통, 과자 통

○ 모양: 멜론, 도넛

연산 UP

응용 UP

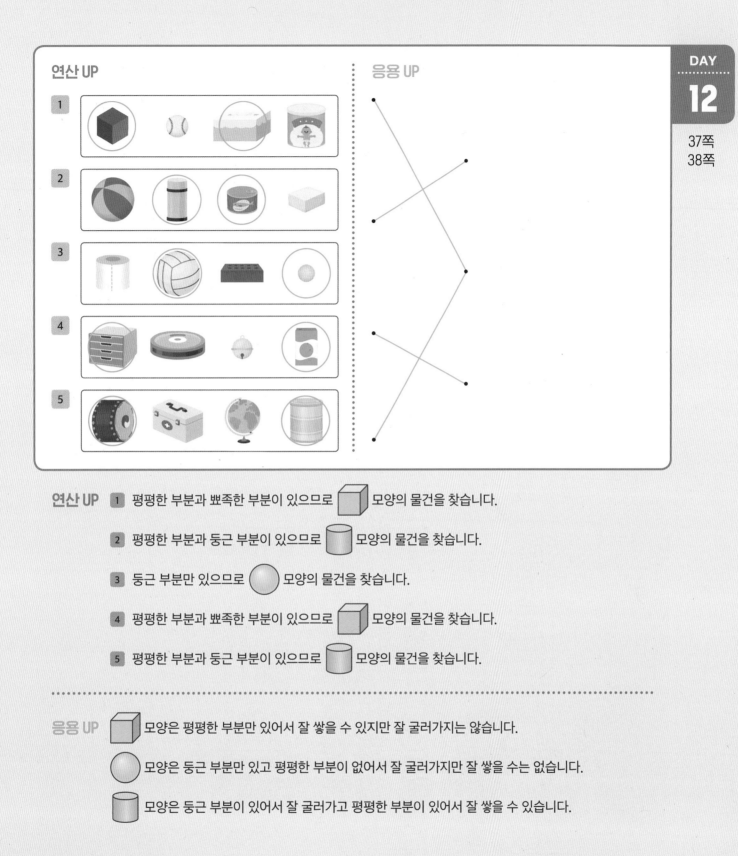

연산 UP **1** 평평한 부분과 뾰족한 부분이 있으므로 모양의 물건을 찾습니다.

2 평평한 부분과 둥근 부분이 있으므로 모양의 물건을 찾습니다.

3 둥근 부분만 있으므로 모양의 물건을 찾습니다.

4 평평한 부분과 뾰족한 부분이 있으므로 모양의 물건을 찾습니다.

5 평평한 부분과 둥근 부분이 있으므로 모양의 물건을 찾습니다.

응용 UP 모양은 평평한 부분만 있어서 잘 쌓을 수 있지만 잘 굴러가지는 않습니다.

모양은 둥근 부분만 있고 평평한 부분이 없어서 잘 굴러가지만 잘 쌓을 수는 없습니다.

모양은 둥근 부분이 있어서 잘 굴러가고 평평한 부분이 있어서 잘 쌓을 수 있습니다.

연산 UP

1	2
	1
	3
2	3
	2
	4
3	2
	2
	3
4	3
	4
	1

응용 UP

연산 UP 1

 모양: 2개   모양: 1개   모양: 3개

2

 모양: 3개   모양: 2개   모양: 4개

3

 모양: 2개   모양: 2개   모양: 3개

4

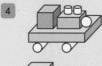 모양: 3개   모양: 4개   모양: 1개

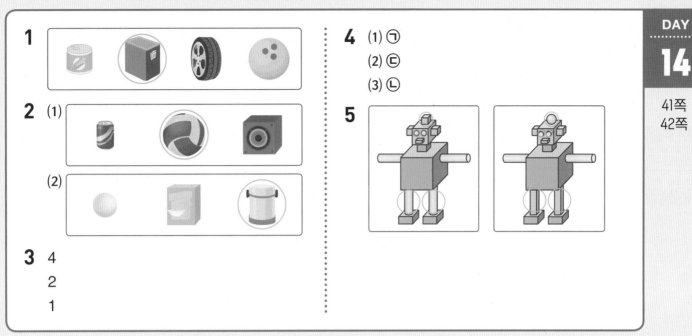

2 (1) 둥근 부분만 있으므로 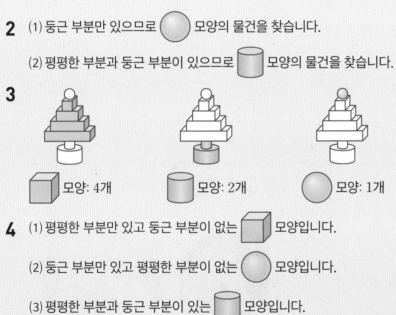 모양의 물건을 찾습니다.

(2) 평평한 부분과 둥근 부분이 있으므로 ⬭ 모양의 물건을 찾습니다.

3

⬜ 모양: 4개　⬭ 모양: 2개　⚪ 모양: 1개

4 (1) 평평한 부분만 있고 둥근 부분이 없는 ⬜ 모양입니다.

(2) 둥근 부분만 있고 평평한 부분이 없는 ⚪ 모양입니다.

(3) 평평한 부분과 둥근 부분이 있는 ⬭ 모양입니다.

03 덧셈과 뺄셈(1)

DAY 15

47쪽
48쪽

연산 UP

1   5

2   4

3   3, 7

4   2, 4, 6

5   7, 2, 9

6   3, 5, 8

응용 UP

1   6, 1, 7

2   4, 5, 9

3   3, 3, 6

4   2, 6, 8

연산 UP

DAY 16

49쪽
50쪽

연산 UP

1   3

2   4

3   5

4   2

5   6

6   5

7   6

8   4

9   6

10   3

11   6

12   5

13   6

14   4

15   5

응용 UP

응용 UP   모으기를 하여 6이 되도록 두 수 1과 5, 2와 4, 3과 3, 4와 2, 5와 1을 찾아 묶습니다.

연산 UP

1	8	6	7	11	9
2	7	7	9	12	8
3	9	8	8	13	7
4	8	9	9	14	9
5	9	10	8	15	7

응용 UP

1. 3, 5 / 4, 6 / 5, 9
2. 2, 4, 6 / 4, 3, 7 / 3, 5, 8
3. 3, 6, 7 / 4, 5, 8 / 5, 7, 9

응용 UP 수를 연속으로 모으기 해 봅니다.

1.
- 2 1 → 3 2 → 5
- 1 3 → 4 2 → 6
- 3 2 → 4 5 → 9

2.
- 1 1 3 → 2 4 → 6
- 2 2 1 → 4 3 → 7
- 1 2 3 → 3 5 → 8

3.
- 1 2 → 3 3 → 6 1 → 7
- 2 2 → 4 1 → 3 5 → 8
- 4 1 → 2 5 → 7 2 → 9

연산 UP

1	5	7	4	13	6
2	3	8	2	14	5
3	4	9	6	15	3
4	5	10	7	16	6
5	7	11	6	17	4
6	6	12	5	18	7

응용 UP

1. 식 3+2=5   답 5명
2. 식 1+3=4   답 4마리
3. 식 6+1=7   답 7살
4. 식 2+4=6   답 6개
5. 식 5+4=9   답 9장

연산 UP

1	7	7	9	13	8
2	8	8	7	14	9
3	9	9	8	15	7
4	8	10	9	16	9
5	9	11	8	17	8
6	8	12	9	18	9

응용 UP

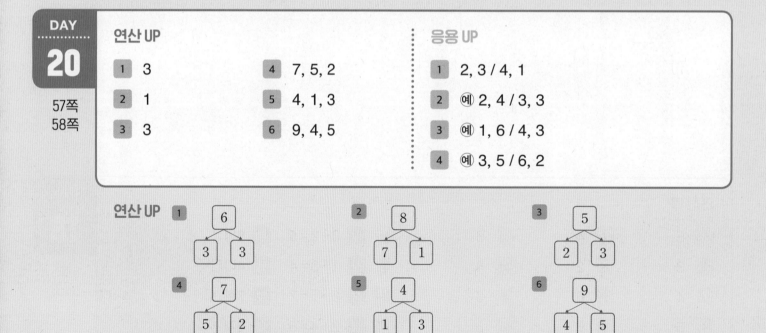

응용 UP 합이 8, 9인 덧셈을 찾아 색칠하면 코끼리 모양입니다.

연산 UP

1	3	4	7, 5, 2
2	1	5	4, 1, 3
3	3	6	9, 4, 5

응용 UP

1 2, 3 / 4, 1
2 예 2, 4 / 3, 3
3 예 1, 6 / 4, 3
4 예 3, 5 / 6, 2

연산 UP

1
```
   6
  / \
 3   3
```

2
```
   8
  / \
 7   1
```

3
```
   5
  / \
 2   3
```

4
```
   7
  / \
 5   2
```

5
```
   4
  / \
 1   3
```

6
```
   9
  / \
 4   5
```

응용 UP 4 구슬을 여러 가지 방법으로 가르기 해 봅니다.

8은 1과 7, 2와 6, 3과 5, 4와 4, 5와 3, 6과 2, 7과 1로 가르기 할 수 있습니다.

연산 UP

1	1		6	2		11	1
2	1		7	3		12	5
3	2		8	1		13	3
4	4		9	2		14	1
5	2		10	4		15	3

응용 UP

1

3

2

4

응용 UP
1 3은 1과 2, 2와 1로 가르기 할 수 있습니다.
2 6은 1과 5, 2와 4, 3과 3, 4와 2, 5와 1로 가르기 할 수 있습니다.
3 4는 1과 3, 2와 2, 3과 1로 가르기 할 수 있습니다.
4 5는 1과 4, 2와 3, 3과 2, 4와 1로 가르기 할 수 있습니다.

연산 UP

1	5		6	4		11	3
2	7		7	1		12	6
3	6		8	4		13	1
4	1		9	6		14	4
5	5		10	2		15	5

응용 UP

1 2장

2 4개

3 3권

4 1개

응용 UP

1

2 ●●●●⦙●●●●
8
4   4

3 ■■■■■⦙■■■■
9
3 3 3

4 ●●●⦙●●
2
1 1

연산 UP

1	2	7	3	13	1
2	1	8	1	14	2
3	4	9	3	15	3
4	1	10	4	16	1
5	2	11	1	17	2
6	5	12	5	18	4

응용 UP

1 식 4-1=3 답 3명
2 식 5-3=2 답 2자루
3 식 7-2=5 답 5개
4 식 6-5=1 답 1송이
5 식 8-4=4 답 4봉지

연산 UP

1	3	7	6	13	3
2	2	8	2	14	8
3	5	9	7	15	1
4	7	10	5	16	3
5	2	11	6	17	6
6	4	12	1	18	4

응용 UP

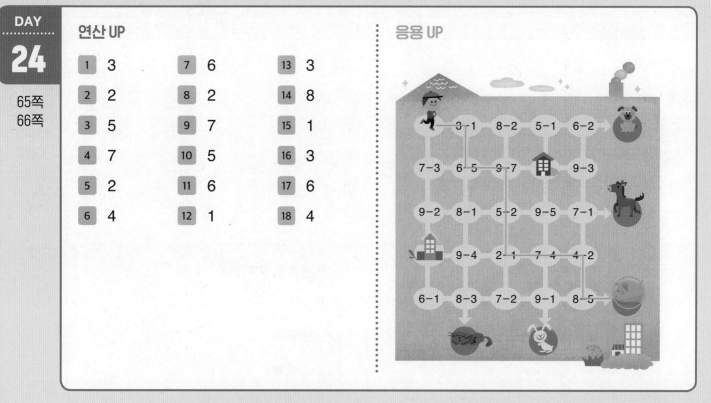

응용 UP   차가 1, 2, 3인 뺄셈을 따라갑니다.

1 (1) 5　(2) 8　(3) 6

2 (1) 2　(2) 1　(3) 5

3 (1) 4　(2) 5　(3) 8
　　(4) 6　(5) 9　(6) 7

4 (1) 1　(2) 5　(3) 2
　　(4) 3　(5) 4　(6) 8

5 (1) 4, 8　(2) 6, 1

6 3장

7 식 3+5=8　답 8개

8 식 9−2=7　답 7대

5 (1)

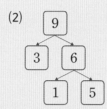

(2)

6 ●●●┊●●●
　　　6
　　3　3
➡ 주현이에게 3장을 주어야 합니다.

DAY 26

73쪽
74쪽

연산 UP

1	4	4	5	7	9
	5		4		8
	6		3		7
	7		2		6

2	5	5	6	8	1
	6		5		2
	7		4		3
	8		3		4

3	6	6	4	9	3
	7		3		4
	8		2		5
	9		1		6

응용 UP

1 **+2**

1 → 3
3 → 5
5 → 7
7 → 9

2 **+1**

8 → 9
6 → 7
4 → 5
2 → 3

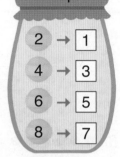

3 **−1**

2 → 1
4 → 3
6 → 5
8 → 7

4 **−2**

9 → 7
7 → 5
5 → 3
3 → 1

연산 UP　1 ~ 3 덧셈식에서 더하는 수가 1씩 커지면 합도 1씩 커지는 규칙이 있습니다.

4 ~ 6 뺄셈식에서 빼는 수가 1씩 커지면 차는 1씩 작아지는 규칙이 있습니다.

7 덧셈식에서 더하는 수가 1씩 작아지면 합도 1씩 작아지는 규칙이 있습니다.

8 ~ 9 뺄셈식에서 빼는 수가 1씩 작아지면 차는 1씩 커지는 규칙이 있습니다.

응용 UP

1
$+2 \begin{cases} 1+2=3 \\ 3+2=5 \\ 5+2=7 \\ 7+2=9 \end{cases} +2$

2
$-2 \begin{cases} 8+1=9 \\ 6+1=7 \\ 4+1=5 \\ 2+1=3 \end{cases} -2$

3
$+2 \begin{cases} 2-1=1 \\ 4-1=3 \\ 6-1=5 \\ 8-1=7 \end{cases} +2$

4
$-2 \begin{cases} 9-2=7 \\ 7-2=5 \\ 5-2=3 \\ 3-2=1 \end{cases} -2$

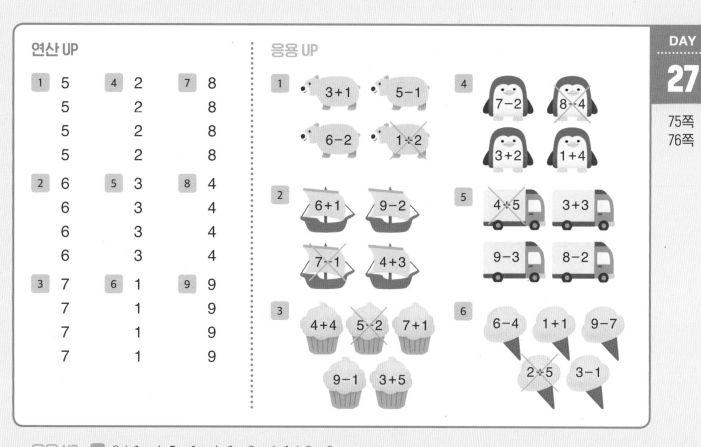

연산 UP

1	5	4	2	7	8
	5		2		8
	5		2		8
	5		2		8
2	6	5	3	8	4
	6		3		4
	6		3		4
	6		3		4
3	7	6	1	9	9
	7		1		9
	7		1		9
	7		1		9

응용 UP

1 3+1=4, 5−1=4, 6−2=4, 1+2=3
2 6+1=7, 9−2=7, 7−1=6, 4+3=7
3 4+4=8, 5−2=3, 7+1=8, 9−1=8, 3+5=8
4 7−2=5, 8−4=4, 3+2=5, 1+4=5
5 4+5=9, 3+3=6, 9−3=6, 8−2=6
6 6−4=2, 1+1=2, 9−7=2, 2+5=7, 3−1=2

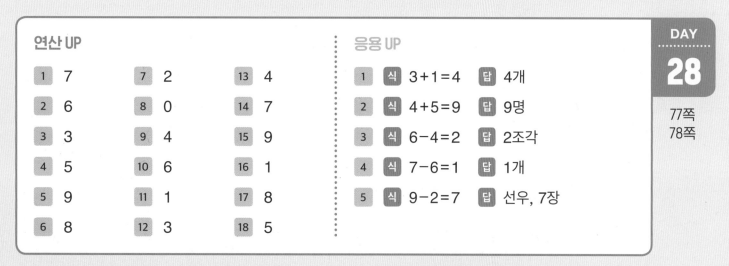

연산 UP

1	7	7	2	13	4
2	6	8	0	14	7
3	3	9	4	15	9
4	5	10	6	16	1
5	9	11	1	17	8
6	8	12	3	18	5

응용 UP

1	식 3+1=4	답 4개
2	식 4+5=9	답 9명
3	식 6−4=2	답 2조각
4	식 7−6=1	답 1개
5	식 9−2=7	답 선우, 7장

응용 UP 5 9는 2보다 크므로 선우가 색종이를 9−2=7(장) 더 많이 가지고 있습니다.

연산 UP

1	2	7	4	13	5
2	6	8	5	14	8
3	7	9	8	15	9
4	0	10	3	16	2
5	4	11	1	17	0
6	3	12	7	18	3

응용 UP

1 식 $4+1=5$ 답 5권

2 식 $9-3=6$ 답 6자루

3 8그루

4 1개

5 4명

응용 UP 3 (감나무 수)$=3+2=5$(그루)

(사과나무 수)$+$(감나무 수)$=3+5=8$(그루)

4 (아침에 먹고 남은 젤리 수)$=7-1=6$(개)

(점심에 먹고 남은 젤리 수)$=6-5=1$(개)

[다른 풀이]

(아침에 먹은 젤리 수)$+$(점심에 먹은 젤리 수)$=1+5=6$(개)

(남은 젤리 수)$=7-6=1$(개)

5 (5명이 내린 후 남은 사람 수)$=8-5=3$(명)

(1명이 더 탄 후의 사람 수)$=3+1=4$(명)

연산 UP

1	2	7	1	13	4
2	1	8	0	14	3
3	0	9	4	15	7
4	6	10	1	16	4
5	2	11	3	17	1
6	4	12	5	18	3

응용 UP

1
1
2
0

2
3
1
4

3
4
2
5

응용 UP 1 $4+★=5 ➡ ★=1$

$1+1=2 ➡ ♥=2$

$◆+2=2 ➡ ◆=0$

2 $3+3=6 ➡ ♣=3$

$3-2=1 ➡ ★=1$

$1+3=4 ➡ ●=4$

3 $4+4=8 ➡ ●=4$

$♥+♥=4 ➡ ♥=2$

$9-4=5 ➡ ♠=5$

연산 UP

1	1	7	4	13	5
2	2	8	9	14	8
3	0	9	6	15	7
4	3	10	5	16	3
5	4	11	7	17	3
6	5	12	8	18	9

응용 UP

1	4	5	3
2	7	6	6
3	6	7	4
4	9	8	5

응용 UP

2 $2+5=\boxed{7}$ 3 $4+2=\boxed{6}$ 4 $3+6=\boxed{9}$

6 $8-2=\boxed{6}$ 7 $7-3=\boxed{4}$ 8 $9-4=\boxed{5}$

연산 UP

1	3	7	1	13	9
2	4	8	8	14	2
3	5	9	2	15	4
4	9	10	3	16	6
5	0	11	4	17	7
6	2	12	7	18	0

응용 UP

1 식 $3+\square=5$ 답 2명

2 식 $7+\square=8$ 답 1장

3 식 $\square+3=7$ 답 4마리

4 식 $9-\square=6$ 답 3자루

5 식 $\square-4=4$ 답 8개

응용 UP

2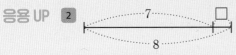

$8-7=\square \Rightarrow \square=1$

3
$7-3=\square \Rightarrow \square=4$

4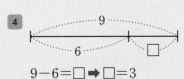
$9-6=\square \Rightarrow \square=3$

5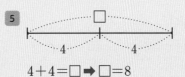
$4+4=\square \Rightarrow \square=8$

연산 UP

1	+	7	−	13	+
2	−	8	+	14	−
3	+	9	−	15	+
4	−	10	+	16	+
5	−	11	−	17	+
6	+	12	−	18	−

응용 UP

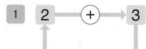

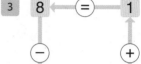

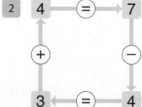
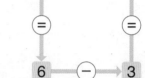

응용 UP
1 $2+3=5$
   $5-3=2$
2 $3+4=7$
   $7-4=3$
3 $7+1=8$
   $8-1=7$
4 $3+3=6$
   $6-3=3$

연산 UP

1 ②+③=⑤
   ③+②=⑤
   ⑤−②=③
   ⑤−③=②

2 ⑤+①=⑥
   ①+⑤=⑥
   ⑥−⑤=①
   ⑥−①=⑤

3 ③+⑤=⑧
   ⑤+③=⑧
   ⑧−③=⑤
   ⑧−⑤=③

4 ⑦+②=⑨
   ②+⑦=⑨
   ⑨−⑦=②
   ⑨−②=⑦

응용 UP

1 예 $1+5=6$
      $2+4=6$
      $3+3=6$
      $4+2=6$

2 예 $1+6=7$
      $2+5=7$
      $3+4=7$
      $4+3=7$

3 예 $4-1=3$
      $5-2=3$
      $6-3=3$
      $7-4=3$

4 예 $5-1=4$
      $6-2=4$
      $7-3=4$
      $8-4=4$

응용 UP 합이 같은 여러 가지 덧셈식을 만들 수 있습니다.
1 $0+6=6, 5+1=6, 6+0=6$
2 $0+7=7, 5+2=7, 6+1=7, 7+0=7$
차가 같은 여러 가지 뺄셈식을 만들 수 있습니다. 이때 빼지는 수가 10 이상인 뺄셈식을 만드는 경우도 가능합니다.
3 $3-0=3, 8-5=3, 9-6=3$
4 $4-0=4, 9-5=4$

1
(1) 2   (2) 6   (3) 7
    3   5   8
    4   4   9

2
(1) 2   (2) 3   (3) 7
    1   4   6
    0   5   5

3
(1) −   (2) +   (3) −
(4) +   (5) −   (6) +

4
(1) 3   (2) 1   (3) 6
(4) 7   (5) 5   (6) 4
(7) 0   (8) 9   (9) 2

5
(1) 8 (2) 7

6 예 1, 3 / 2, 2 / 3, 1

7 예 6, 1 / 7, 2 / 8, 3

8 식 4+3=7   답 7권

9 식 8−□=2 또는 8−2=6   답 6개

---

5 (1) 5+3=⬚8   (2) 9−2=⬚7

6 두 수의 합이 4가 되는 덧셈식 0+4=4, 4+0=4도 만들 수 있습니다.

7 두 수의 차가 5가 되는 뺄셈식 5−0=5, 9−4=5도 만들 수 있습니다.

9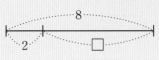

8−2=□ ➡ □=6

05 비교하기

연산 UP

1 (△)(   )(○)

2 (○)(△)(   )

3 (   )(○)(△)

4 (   )(△)(○)

5 (△)
   (○)
   (   )

6 (○)
   (   )
   (△)

7 (   )
   (△)
   (○)

8 (○)
   (△)
   (   )

응용 UP

1 윤서
   가민
   정현

2 연우, 나현, 수민

3 재하, 민아, 세영

응용 UP

1 맨 위의 리본 길이가 가장 길므로 윤서의 리본이고, 가운데 리본 길이가 가장 짧으므로 가민이의 리본이며, 맨 아래의 리본 길이가 두 번째로 길므로 정현이의 리본입니다.

2 가운데 어린이는 왼쪽 어린이보다 키가 더 크고 오른쪽 어린이보다 키가 더 작으므로 가운데 어린이는 나현이고, 왼쪽 어린이는 연우이며, 오른쪽 어린이는 수민입니다.

3 가운데 쌓은 책의 높이가 가장 높으므로 민아가 쌓은 책이고, 왼쪽에 쌓은 책의 높이가 두 번째로 높으므로 재하가 쌓은 책이며, 오른쪽에 쌓은 책의 높이가 가장 낮으므로 세영이가 쌓은 책입니다.

연산 UP

1. (○)( )(△)
2. ( )(△)(○)
3. (△)(○)( )
4. (○)(△)( )

5. ( )(△)(○)
6. (△)( )(○)
7. (○)( )(△)
8. ( )(○)(△)

응용 UP

1. ( )
   ( )
   (○)

2. ( )
   (○)
   ( )

3. 서윤, 준영, 채현

응용 UP

1. 👧가 👦보다 더 무겁고, 👦가 👧보다 더 무겁습니다.
   따라서 👦가 가장 무겁고, 👦가 가장 가볍습니다.

2. 지우개가 가위보다 더 가볍고, 가위가 필통보다 더 가볍습니다.
   따라서 지우개가 가장 가볍고, 필통이 가장 무겁습니다.

3. 서윤이가 준영이보다 더 무겁고, 준영이가 채현이보다 더 무거우므로 서윤이가 가장 무겁고, 채현이
   가 가장 가볍습니다.
   따라서 무거운 어린이부터 순서대로 쓰면 서윤, 준영, 채현입니다.

연산 UP

1. ( )(△)(○)
2. (○)( )(△)
3. (△)(○)( )
4. (△)( )(○)

5. (○)( )(△)
6. ( )(△)(○)
7. (○)(△)( )
8. (△)(○)( )

응용 UP

1. 윤우

2. 파란색

3. 두리, 세아, 하나

응용 UP

1. 색칠한 칸의 수를 세어 보면 슬기가 5칸, 윤우가 6칸입니다.
   따라서 더 넓게 꽃을 심은 사람은 윤우입니다.

2. 색깔별 색종이의 수를 세어 보면 빨간색이 6장, 초록색이 7장, 파란색이 5장입니다.
   따라서 가장 좁게 붙인 색종이의 색깔은 파란색입니다.

3. 칸의 수를 세어 보면 하나가 5칸, 두리가 8칸, 세아가 7칸이므로 두리의 땅이 가장 넓고, 하나의 땅이
   가장 좁습니다.
   따라서 땅이 넓은 사람부터 순서대로 쓰면 두리, 세아, 하나입니다.

연산 UP

1 (○)(△)( )
2 ( )(○)(△)
3 (△)( )(○)
4 (○)( )(△)
5 (△)( )(○)
6 (○)(△)( )
7 ( )(○)(△)
8 ( )(△)(○)

응용 UP

1 1, 3, 2
2 ( )( )(○)
3 태연

응용 UP 2 컵에 담긴 주스의 양이 적을수록 더 담아야 할 주스의 양이 많습니다.
더 담아야 할 주스의 양이 가장 많은 컵은 주스의 높이가 가장 낮은 세 번째 컵입니다.
3 마신 우유의 양이 적을수록 남은 우유의 양이 많습니다.
우유를 가장 적게 마신 사람은 우유의 높이가 가장 높은 태연입니다.

1 (1) (△)( )(○)　(2) (○)
　　　　　　　　　　　　　(△)
　　　　　　　　　　　　　( )
2 (1) ( )(○)(△)　(2) ( )(△)(○)
3 (1) (○)(△)( )　(2) (○)( )(△)
4 (1) ( )(△)(○)　(2) (△)(○)( )

5 동연, 현서, 우주
6 사과
7 수은, 강현, 정수

5 가운데 연필 길이가 가장 길므로 현서의 연필이고, 왼쪽 연필 길이가 가장 짧으므로 동연이의 연필이며, 오른쪽
연필 길이가 두 번째로 길므로 우주의 연필입니다.
6 복숭아가 바나나보다 더 무겁고, 사과가 복숭아보다 더 무겁습니다.
따라서 사과가 가장 무겁고, 바나나가 가장 가볍습니다.
7 통에 담긴 물의 양이 적을수록 더 담아야 할 물의 양이 많습니다.
더 담아야 할 물의 양이 가장 많은 사람은 물의 높이가 가장 낮은 수은이고, 가장 적은 사람은 물의 높이가 가장
높은 정수입니다.
따라서 더 담아야 할 물의 양이 많은 사람부터 순서대로 쓰면 수은, 강현, 정수입니다.

06 50까지의 수

연산 UP

1 `10` 읽기 `십` ★ `열`

2 `20` 읽기 `이 십` ★ `스 물`

3 `30` 읽기 `삼 십` ★ `서 른`

4 `40` 읽기 `사 십` ★ `마 흔`

5 `30` 읽기 `삼 십` ★ `서 른`

6 `50` 읽기 `오 십` ★ `쉰`

응용 UP

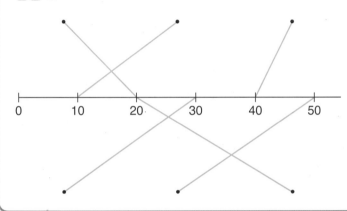

연산 UP

1 `13` 읽기 `십 삼`
               `열 셋`

2 `26` 읽기 `이 십 육`
               `스 물 여 섯`

3 `34` 읽기 `삼 십 사`
               `서 른 넷`

4 `21` 읽기 `이 십 일`
               `스 물 하 나`

5 `38` 읽기 `삼 십 팔`
               `서 른 여 덟`

6 `47` 읽기 `사 십 칠`
               `마 흔 일 곱`

응용 UP

1 열두

2 팔, 십오

3 삼십육

4 마흔한

연산 UP

1	16
2	43
3	39
4	24
5	48

6	25
7	32
8	27
9	40
10	31

응용 UP

1	23개
2	35장
3	42개
4	38개

응용 UP 2

10장씩 묶음	낱장
3	5

➡ 35

3

10개씩 묶음	낱개
4	2

➡ 42

4

10개씩 묶음	낱개
1	7
2	1
3	8

➡ 38

연산 UP

1	3
2	2
3	0
4	1
5	4

6	9
7	4
8	8
9	3
10	10

응용 UP

응용 UP 10원짜리 동전 1개와 1원짜리 동전 9개 ➡ 19원

10원짜리 동전 3개 ➡ 30원

10원짜리 동전 4개와 1원짜리 동전 1개 ➡ 41원

10원짜리 동전 2개와 1원짜리 동전 4개 ➡ 24원

연산 UP

1 10, 13, 15, 16

2 24, 26, 27, 31

3 35, 38, 41, 42, 43

4 18, 16, 12, 11

5 34, 32, 29, 28, 25

6 44, 42, 40, 39, 38

응용 UP

연산 UP

1 10

2 25

3 48

4 13, 14

5 18, 19

6 30, 31

7 35, 36, 37

8 38, 39, 40

9 47, 48, 49

10 12, 13, 14, 15

11 26, 27, 28, 29

12 41, 42, 43, 44

응용 UP

1 3권

2 2명

3 5명

4 4쪽

응용 UP 2 18번과 21번 사이

➡ 19번부터 20번까지

➡ 19 ─ 20

➡ 2명

4 29쪽과 34쪽 사이

➡ 30쪽부터 33쪽까지

➡ 30 ─ 31 ─ 32 ─ 33

➡ 4쪽

3 20번과 26번 사이

➡ 21번부터 25번까지

➡ 21 ─ 22 ─ 23 ─ 24 ─ 25

➡ 5명

연산 UP

1	15 (20)
2	(33) 18
3	(42) 36
4	29 (49)
5	14 (31)
6	(50) 47
7	(39) 32
8	24 (26)
9	40 (43)
10	(16) 11
11	35 (37)
12	(48) 44

응용 UP

1 윤하

2 돼지

3 정민

4 풀

응용 UP 2 10개씩 묶음의 수가 2로 같으므로 낱개의 수를 비교하면

돼지	닭
21	25

↑
더 작은 수

3 혜나: 10장씩 3묶음과 낱장으로 2장 ➡ 32장

정민	혜나
37	32

↑
더 큰 수

4 지우개: 10개씩 5상자 ➡ 50개

풀: 10개씩 4상자와 낱개로 8개 ➡ 48개

지우개	풀
50	48

↑
더 작은 수

연산 UP

1 (35) 26 △10
2 22 △18 (43)
3 (48) 20 △17
4 31 (47) △25
5 △19 29 (32)
6 △34 (50) 46
7 24 △21 (27)
8 △30 33 (39)
9 (13) 16 △12
10 (45) 42 △41
11 △23 (38) 25
12 (37) △19 32

응용 UP

1 야구공
2 국화
3 호박, 오이, 가지
4 수아, 현수, 우재

응용 UP **2** 10개씩 묶음의 수를 비교하면

해바라기	국화	백합
31	28	43

↑ 가장 작은 수 (국화)

3

오이	가지	호박
44	47	42

가장 큰 수 ↑   가장 작은 수 ↑

4

우재	수아	현수
29	34	30

가장 작은 수 ↑   가장 큰 수 ↑

응용 UP

1 3 1 , 1 3

2 4 2 , 2 4

3 3 2 , 2 3

4 4 1 , 1 4

5 4 2 , 1 2

6 4 3 , 1 3

7 4 3 , 2 3

8 3 1 , 1 0

응용 UP

1 13

2 14

3 23

4 35

응용 UP **2** 낱개의 수가 4인 가장 작은 수를 만들려면 10개씩 묶음의 수는 0, 1, 5 중에서 가장 작은 수가 되어야 합니다. 그러나 0은 10개씩 묶음의 수가 될 수 없으므로 0을 제외한 가장 작은 수인 1을 10개씩 묶음의 수로 합니다.

3 20보다 크고 30보다 작은 수이므로 10개씩 묶음의 수는 2이고, 수 카드로 만들 수 있는 수는 23, 24, 25입니다. 이 중에서 가장 작은 수는 23입니다.

4 30보다 크고 40보다 작은 수이므로 10개씩 묶음의 수는 3이고, 수 카드로 만들 수 있는 수는 31, 34, 35입니다. 이 중에서 가장 큰 수는 35입니다.

1 (1) 12 (2) 33

2 (1) 28 (2) 9

3 (1) 17, 20, 22, 23, 25
   (2) 50, 48, 47, 45, 42

4 (1) ㉖ 35 (2) 49 ㊶

5 37권

6 4명

7 송편

8 42
   12

5

10권씩 묶음	낱권
3	7

➡ 37

6 37번과 42번 사이
   ➡ 38번부터 41번까지
   ➡ 38 − 39 − 40 − 41
   ➡ 4명

7

인절미	백설기	송편
23	19	26

가장 큰 수

8 낱개의 수가 2인 가장 작은 수를 만들려면 10개씩 묶음의 수는 0을 제외한 1, 3, 4 중에서 가장 작은 수인 1로 합니다. 따라서 낱개의 수가 2인 가장 작은 수는 12입니다.

기적의 학습서

" 오늘도 한 뼘 자랐습니다. "